高等学校教材

材料成型测试技术

○ 王武孝 主编

○ 秦少勇 张赛飞 等 参编

○ 梁淑华 主审

CAILIAO
CHENGX
CESHI JISH

化学工业出版社
· 北京 ·

内容简介

《材料成型测试技术》主要讲授材料成型过程中有关参量的检测原理与方法。主要内容有电测量法的基本知识和对电测装置的基本要求；常用传感器的类型和基本原理及应用；各种测量显示及记录仪表的测量原理及操作、信号处理方法；应力、应变及位移的测量方法；温度的测量及自动控制；差热分析、差示扫描量热法、热重法的基本原理及应用。本书在编写过程中，力求理论联系实际，突出实际应用，通过应用案例，增强学生对相关知识点的理解和掌握。

《材料成型测试技术》可作为高等院校本科、高职高专材料成型及控制工程、材料加工工程等专业和方向的教学用书，也可供材料科学与工程各专业使用。

图书在版编目（CIP）数据

材料成型测试技术 / 王武孝主编. —北京：化学
工业出版社，2021.5（2025.3 重印）
高等学校教材
ISBN 978-7-122-38919-0

Ⅰ.①材⋯　Ⅱ.①王⋯　Ⅲ.①工程材料-成型-高等
学校-教材　Ⅳ.①TB3

中国版本图书馆 CIP 数据核字（2021）第 064904 号

责任编辑：陶艳玲　　　　　　　　　　　　文字编辑：刘　璐　陈小滔
责任校对：张雨彤　　　　　　　　　　　　装帧设计：史利平

出版发行：化学工业出版社（北京市东城区青年湖南街 13 号　邮政编码 100011）
印　　装：北京盛通数码印刷有限公司
787mm×1092mm　1/16　印张 12½　字数 305 千字　2025 年 3 月北京第 1 版第 4 次印刷

购书咨询：010-64518888　　　　　　　　　售后服务：010-64518899
网　　址：http://www.cip.com.cn
凡购买本书，如有缺损质量问题，本社销售中心负责调换。

定　　价：49.00 元

前　言

　　材料成型测试技术旨在研究与材料成型技术有关的参量的检测原理与方法，包括为保证产品质量而进行的检测。无论是在材料加工生产过程的控制与材料质量的检验中，还是在新工艺、新材料的开发过程中，都要用到测试技术。因此，材料成型测试技术在材料生产研发中起着至关重要的作用，同时测试技术的日益完善，又推动着材料成型技术的进步。

　　为了使广大读者能够对材料成型生产过程中所需的测试内容有所了解和掌握，本书注重理论知识与实践技能相结合，从应用角度出发，引入大量应用实例，按照由浅入深、先分析后综合的原则，主要介绍电测量法的基本知识、常用传感器的基本原理及应用、常用测量记录仪表的测量原理及使用；阐述了应力、应变及位移的测量方法，温度的测量与控制原理以及常用热分析测试方法的基本原理及应用等。通过本课程的学习，学生能够达到以下目标：

　　（1）建立材料成型检测的基本概念；

　　（2）了解各种物理量或参量的测量原理和方法；

　　（3）掌握各种常用传感器、测量电路及测试方法；

　　（4）熟练使用各种仪表，并对被测量数据进行记录和处理，为以后进行科学实验和生产过程检测与控制打下基础。

　　为检验学习质量，各章均配有习题，同时附有本课程三项实验指导。

　　全书共有 7 章，第 1、2、3、6 章由王武孝编写；第 4、7 章由秦少勇编写；第 5 章由张赛飞编写；实验一、实验二由杨超编写；实验三由崔杰编写；全书由王武孝统稿，梁淑华审阅。

　　本书在编写过程中得到西安理工大学教材建设委员会和材料科学与工程学院老师们的支持和指导，在此表示感谢。尽管全体编者尽心尽力，但因水平所限，书中难免存在不足之处，敬请读者批评指正。

编者

2021 年 3 月

目录

第 4 章　显示和记录仪表 ——————————————— 68

1.1 检测技术的重要性

测试是人们认识客观事物的重要手段,通过测试可以揭示事物的内在联系和变化规律,从而帮助人们认识和利用它,进而推动科学技术的不断进步。检测技术包括测量和实验两方面内容,它是进行科学实验和测量与控制生产过程参量必不可少的手段。在现代科学研究和生产活动中,需要了解大量被研究对象的状态、特征及其变化规律,有时甚至需要对它们做出客观而准确的定量描述,这些都离不开测试工作。

科学研究中的问题十分复杂,很多问题无法进行准确的理论分析和计算,这就必须依靠实验方法来解决,特别是对于那些影响因素多而且影响因素之间存在相互作用的问题,通过实验能够快速找出各种因素的影响规律。

测试工作不仅能为产品的质量和性能提供客观的评价,为生产技术的合理改进提供基础数据,而且是进行一切探索性、开发性、创造性和原始性的科学发现或技术发明的重要甚至是必需的手段。测试技术也是自动化系统的基础。随着自动控制生产系统的广泛应用,为了保证系统高效率的运行,必须对生产流程中的有关参数进行测试采集,以准确地对系统进行自动控制。

材料成型过程工艺复杂,涉及的参量、变量多,如温度、压力、转速、位移、磁场、电流、电压等多种物理参数,对这些物理参数的变化进行精准的检测与控制,可以获得微观组织可控、性能优异、宏观几何尺寸精确的优质零件,是材料加工过程的主要目的之一。因此,检测技术在材料科学与工程学科尤其是在材料热加工工程中占重要地位,已经成为材料成型生产中保证产品质量的重要环节。材料成型检测技术的完善和发展推动着现代材料科学技术尤其是材料热加工技术的进步,为以后进行科学实验和生产过程检测与控制打下基础。

可以想象,如果没有我国自己的材料实验数据,就不能在机械设计中充分合理地、有效地进行刚度、强度的计算;没有有效的设备参数监测仪器,就不能使生产设备安全高效地运行;没有对生产过程工艺参数的测试和采集,就无法实现任何自动化。所以说,测试技术是机械工业发展的一个重要基础技术。

1.2 材料成型中经常检测的物理量及检测方法

1.2.1 材料成型过程中常检测的物理量

（1）温度

温度是铸造、焊接和锻压生产中的重要工艺参数，金属材料成型过程基本上都是在高温状态下进行的，因此只有准确地测量温度变化，才能正确控制材料加工工艺，从而获得高质量的产品。

（2）与流体运动有关的参量

与流体运动有关的参量主要有充型过程中液态金属的充型速度、流量大小、液面高度等。

（3）应力与应变

在研究构件的强度与变形、焊接结构、铸造应力及锻压塑性变形时，都涉及应力、应变的测量。

（4）工件缺陷检测

检测工件中的气孔、缩孔、裂纹、夹渣等。

（5）材料的成分与结构测定

材料的成分与结构测定包括化学成分、晶体结构、晶体缺陷、晶粒形貌、断口等。

（6）力学性能

力学性能包括抗拉强度、屈服极限、伸长率、断面收缩率、冲击韧性、显微硬度、布氏硬度等。

（7）其他

材料的熔点、相变温度，材料的耐磨、耐蚀、耐热等性能通常也需要检测。

1.2.2 检测常用物理量的方法

上述物理量或参量的检测方法很多，按照测量原理可分为机械测量法、电测法和光测法等。

（1）机械测量法

机械测量法是利用机械器具对被测参量进行直接测量，比如杠杆应变计测量应变、机械式测振仪测量振动参量。

（2）电测法

电测法是将被测参量转换成电信号，通过电测仪表进行测量的方法，如电阻应变仪测量应力-应变，电动式测振仪测量振动参量。电测法是目前应用最广泛的一种测试方法。

近年来，随着电子技术特别是仪表和电子计算机技术的迅速发展，电测量检测在材料加工领域的应用范围逐步扩大，许多新的电测量技术已得到应用，如：a.焊接生产时自动焊接装置或机器人焊接系统对焊缝的自动、实时跟踪；b.在造型生产线上运行的激光自动浇注系统；c.基于激光测距原理的嵌入式轴类锻件直径尺寸在线测量系统。

（3）光测法

光测法是利用光学原理对被测参量进行测量的办法，如应力-应变的光测法就有：光弹性实验法、密栅云纹法等。

电测法是目前应用最广泛的一种测试方法，也是测试技术能够实现自动化、数字化与智能化控制的基础，因此本书将重点阐明电测法的原理及应用。

第**2**章

电测量法

本章知识构架

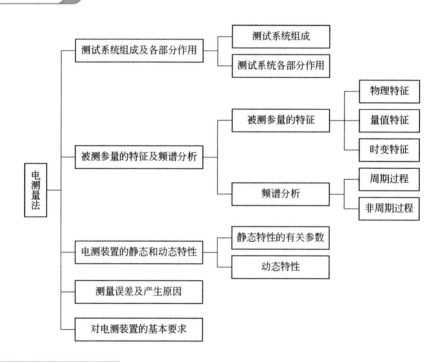

本章教学目标和要求

1. 了解电测量系统的组成及各部分作用。
2. 了解被测参量的特征及频谱分析。
3. 掌握电测装置静态特性有关参数的定义及表示方法。
4. 熟悉测量误差的定义和产生误差的原因。
5. 了解电测装置的选择要求。

利用各种传感器，将温度、速度、几何尺寸、位移等非电量转换成相应的电量信号，再借助相关的测量电路对这些信号进行滤波、放大等处理，最后将处理的结果显示出来，这就是电测量法。

2.1　电测量法测试系统组成及各部分作用

2.1.1　电测量法测试系统组成

电测量法是将所需要测量的非电量转换成电量而进行测量的一种方法。电测量法测试系统主要由被测对象、传感器、中间电路、显示记录仪器和控制系统等组成，如图 2-1所示。

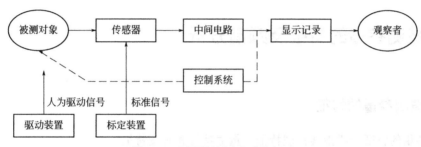

图 2-1　电测量法测试系统组成

电测量法具有以下优点：
① 灵敏度高，精度高，测试范围广，可以在较大范围内进行调整；
② 反应迅速，可以测量快速变化的物理量，频域范围很广；
③ 电信号可以实现自动化与数字化以及远距离传输，有助于远距离电测量以及无线遥测；
④ 可以嵌入控制系统中，便于实现智能化控制；
⑤ 电测量法的动力源普遍，具有一定的抗干扰能力，适合现场使用；
⑥ 有助于测量仪器的通用化以及专业化生产。

2.1.2　电测量法测试装置各部分作用

电测量法的基本装置主要有机械变换器、转换器、测量电路、放大器、记录仪等，如图 2-2所示。

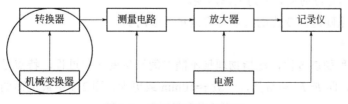

图 2-2　电测量法基本装置

① 机械变换器：把待测量转换成转换器可以感受的非电量。

② 转换器：将敏感元件感受到的非电量直接转换成电信号的器件，这些电信号包括电压、电量、电阻、电感、电容、频率等。转换器和机械变换器合称传感器。

③ 测量电路：把电路参数转换成电量参数。

④ 放大器：对不足以推动记录仪的输出信号进行放大。测量电路和放大器合称测量仪器。

⑤ 记录仪：记录数据，供分析和处理用。

电测量法的本质是通过测试系统各环节一系列的信号传递，利用电信号表征被测参量的变化规律。电测量技术的准确度取决于对测量信号的测量及分析的各个环节，因此在通过电测量法检测物理量前，需了解如下内容：

① 被测参量的性质及其动态变化特点；

② 传感器与电测装置的静、动态特性；

③ 测量误差及其分类。

2.2 被测参量的特征及频谱分析

2.2.1 被测参量的特征

被测参量的特征一般指其物理特征、量值特征和时变特征。

① 物理特征　主要指被测参量如密度、质量、速度、形变等反映测量对象某一物理特点的特征，决定了测量使用的仪器的类型；

② 量值特征　被测参量的量值大小和范围，决定了测量使用的仪器的量程；

③ 时变特征　被测参量随时间而变化的情况，即物理量的动态变化特征，决定了测量使用的仪器的频率。

可见，被测参量的这些特征都是选择与设计传感器和电测装置的主要依据，故掌握被测参量的这些特征是实现其精确测量的前提条件。在实际应用中，可根据被测参量的物理特征和量值特征选择传感器的种类、电测装置的形式和量程大小；根据被测参量的时变特征选择传感器和电测装置的频率特性。

由于物理量的时变特征是任何检测过程都必须了解的共性问题，下面对其进行讨论。

在检测过程中，被测参量是时间和空间的函数，可用 $F=F(t, x, y, z)$ 来描述。对于大多数物理量的检测，测试的位置常常固定不变，则被测参量只是时间的函数，故上式可简化为 $F=F(t)$，也可用图 2-3 所示的曲线来表示，图中的纵坐标表示被测参量 $F(t)$，横坐标表示时间 t，τ 为被测参量的持续时间，T 为工作周期。

根据被测参量随时间变化的特点可将测量分成两类。

（1）静态过程

静态过程也称稳态过程，泛指物理量不随时间发生变化的过程。特点是 $F=F(t)$ 在一定时间 τ 内固定不变，即 $F=F(t)$=常量，一般 τ=10min 或更大，图 2-3 中最上面的实直线表示的就是静态过程。

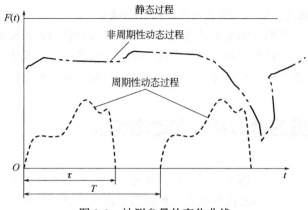

图 2-3　被测参量的变化曲线

（2）动态过程

动态过程是指物理量随时间变化的过程，也称非稳态变化过程，即 $F(t)$=变量。根据 $F(t)$ 是否周期地变化，可将动态过程分为周期性动态过程与非周期性动态过程。

周期性动态过程的特点是 $F=F(t)=F(T+t)$，T 为工作周期，图 2-3 中的两个虚线就是物理量的周期性动态过程。非周期性动态过程的特点是 $F=F(t)\neq F(T+t)$，这类变化是检测过程中遇到的更为普遍的一类物理量变化过程，见图 2-3 中的双点划线。

被测物理量随时间的变化过程，可直接用时间域的方法描述，即 $F=F(t)$ 为时间的显示函数。时间域描述方法虽然直观，但在工程实际中，被测参量的时变过程比较复杂，其频谱难以从时间域信号中直接获得。为此，常将复杂的时变函数展开成一系列正弦函数（谐波分量）的和或积分，即用频率域的方法描述。将复杂的时变函数按谐波分量描述的方法，称为频谱分析或谐波分析，这是工程中对信号分析常采用的方法。

2.2.2　频谱分析

（1）周期过程的频谱分析

周期性变化的物理量在时间域内的函数形式可以表示为一系列频率离散的谐波分量的和，其频谱分析所采用的方法是傅里叶（Fourier）级数。

周期性频谱分析的物理意义是：任何周期性过程（非正弦曲线）都可以看作是成谐波关系的许多谐波分量的叠加。周期过程的频谱具有以下特点：

① 离散性　各谐波分量的频率是不连续的离散频谱；

② 谐波性　各谐波分量的频率是基波的整数倍；

③ 收敛性　各谐波分量的幅值随谐波的增加而衰减。

（2）非周期过程的频谱分析

与周期过程变化的物理量类似，非周期过程变化的物理量同样可以在时间域、频率域内进行数学分析，其本质与周期过程的频谱分析相同，都是讲时间域的物理量转换为频率的描述形式，不同的是非周期过程的频谱分析采用的是傅里叶转换而非傅里叶级数的方法。非周期过程的频谱具有以下特点：

① 连续性　连续频谱；

② 双边频谱　各谐波分量有正负之分；

③ 收敛性　各谐波分量的幅值随谐波的增加而减小。

综上，周期性与非周期性的动态过程都可以利用频谱分析的方法分解成一系列的谐波分量，即任一函数 $F(t)$ 都可以看作是一系列谐波分量的和或者积分。基于这一概念，可以初步地估算被测参量的频率范围，对选择与设计电测装置具有重要的理论指导意义。

2.3　电测装置的静态特性和动态特性

对于一般的检测过程，电测装置是对传感器输出信号进行处理的不可缺少的装置，可以把被测参量 $F(t)$ 经过一系列的转换和放大，最后用记录仪记录或进行数据处理。电测装置包括信号放大、滤波、相敏检波等器件。电测装置的输出信号 $y(t)$ 与电测装置的输入信号 $F(t)$ 之间必然存在某种内在的对应关系，这种关系可由电测装置的静态特性和动态特性来描述。

2.3.1　电测装置的静态特性

电测装置的静态特性又称为"标定曲线"或"校准曲线"，是指输入量为静态条件下，电测装置的输出量与输入量间的关系。输出量 $y(t)$ 与输入量 $F(t)$ 在静态特性下的关系，可用代数方程 $y=f(F)$ 来描述，此时方程中 F 和 y 都是与时间无关的值，该方程称电测装置的静态数学模型，可用图 2-4 的曲线描述，此曲线称静态特性曲线或工作曲线。静态方程与曲线的形式完全取决于电测装置各组成环节的特性。电测装置的静态特性可用量程、灵敏度、线性度、迟滞、重复性等参数进行表征。

（1）量程

量程是指仪表测量范围（上、下限范围）的指标，例如，0.01～25.00mm（千分尺）。

（2）灵敏度

用检测系统的输出变化量 Δy 与引起该输出量变化的输入变化量 ΔF 之比来表征，见图 2-4，工作曲线上某点的斜率即为该工作点的灵敏度 K_i：

$$K_i = \lim_{\Delta F \to 0} \frac{\Delta y}{\Delta F} = \frac{\mathrm{d}y}{\mathrm{d}F} \qquad (2\text{-}1)$$

若工作曲线呈线性关系，则各点的灵敏度相同。当输入量或输出量采用相对变化量时，灵敏度还有多种表征形式。灵敏度 $y=f(F)$ 可用来描述电测装置输出对输入变化的反应能力，灵敏度越大，表示电测装置越灵敏。

（3）线性度

线性度用以描述电测装置输出与输入之间关系曲线对直线的接近程度。它用非线性引用误差 γ_L 表示，见图 2-5，Ⅰ、Ⅱ分别为实际工作曲线和理想工作曲线。最大偏差值 Δy_{max} 与额定输出值 y_{max} 之比即为 γ_L：

$$\gamma_L = \frac{\Delta y_{max}}{y_{max}} \times 100\% \qquad (2\text{-}2)$$

当 $\gamma_L = 0$ 时，电测装置的工作曲线为直线，此时该系统称为线性系统；当 $\gamma_L \neq 0$ 时，电测装置的工作曲线为曲线，此时该系统称为非线性系统。

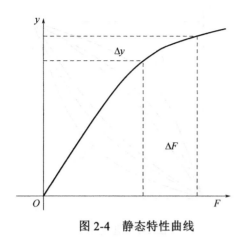

图 2-4　静态特性曲线

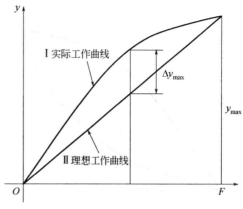

图 2-5　线性和非线性系统

测量时都希望电测装置为线性系统，但实际的工作曲线，往往与理想的工作曲线有一定偏离，γ_L 正是描述这种偏离程度的参量。

线性系统最重要的特点是可应用叠加原理。叠加原理表明，若输入是个复杂信号，但可被分解为几个简单分量的叠加，则总输出就等于各分量单独作用时输出的叠加，这一点正是测试所要求的。对于动态测量，必须采用线性系统，否则会产生非线性失真。对于静态测量，为了测量换算或仪器刻度读数方便，也需采用线性系统。所以，线性系统是理想的测量系统。对于实际系统，若 γ_L 无限接近于 0，则该系统可近似为线性系统。

实际工作中经常会遇到非线性较为严重的系统，此时，可以采用限制测量范围、采用非线性拟合或者非线性放大器等技术措施来提高系统的线性度。

（4）迟滞

迟滞也称"滞后性"，是指在检测系统的全量程范围内，当输入由小到大和由大到小循环变化时，输出的工作曲线不一致的程度，如图 2-6 所示。测量系统的滞后性 γ_H 一般以两个曲线的最大不重合值 H 与额定输出值 y_{max} 的比值来表示：

$$\gamma_H = \frac{H}{y_{max}} \times 100\% \qquad (2\text{-}3)$$

滞后性是由材料滞后性能（磁滞等）以及仪器的不工作区等引起的。对于电测装置，希望其滞后性越小越好。

（5）重复性

重复性是指检测系统输入量按同一方向变化作全量程连续多次测量时，其输出的静态工作曲线不一致的程度，如图 2-7 所示。引用误差 γ_R 可表示为：

$$\gamma_R = \pm \frac{\Delta R_m}{y_{max}} \qquad (2\text{-}4)$$

式中，ΔR_m 为同一输入多次循环测量时输出量的绝对误差，可由标准偏差计算。γ_R 越接近 0，曲线不一致的程度越小。

（6）噪声

噪声是指仪表的输出量为零时，仪表的显示器指示值围绕零点抖动的宽度。

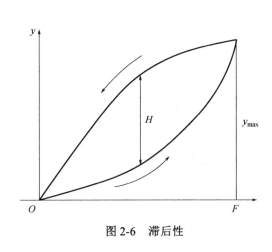

图 2-6　滞后性

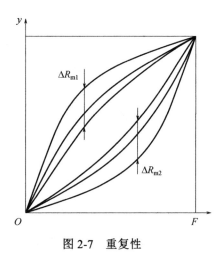

图 2-7　重复性

（7）稳定性

稳定性的定义是仪表的输入量为零时，在某段时间，仪表的显示器指示值偏离零点的误差，稳定性有时也称为漂移。

2.3.2　电测装置的动态特性

电测装置的动态特性是指输入量为动态量时，输出量与输入量的关系。在时域内动态信号千差万别，在频域内全由正弦信号组成，所以只要研究输入量为正弦信号时的输出量，就能了解系统的动态特性。

输入信号：$F(t) = A\sin(\omega t + \varphi)$

输出信号：$\alpha(t) = K(\omega)\sin[\omega t + \varphi + \Phi(\omega)]$

对系统输入不同频率的正弦信号，记录输出信号的幅值，求得输出信号与输入信号幅值的比值即为 $K(\omega)$，如图 2-8 所示。记录输出信号对输入信号的相差角即为 $\Phi(\omega)$，如图 2-9 所示为幅频特性和相频特性合成系统的频率响应特性。

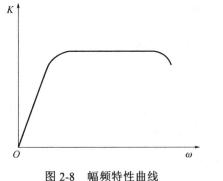

图 2-8　幅频特性曲线

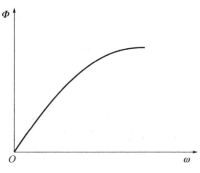

图 2-9　相频特性曲线

若系统的微分方程已知，可以通过解微分方程的方法求得系统的动态特性。

设一阶系统的微分方程为：

$$\tau \frac{d\alpha(t)}{dt} + \alpha(t) = F(t) \tag{2-5}$$

令 $F(t) = A\sin\omega t$ ，则其稳定解为：

$$\alpha(t) = \frac{A}{\sqrt{1+(\omega t)^2}}\sin[\omega t - \arctan(\omega t)] \tag{2-6}$$

一阶系统的幅频特性为：

$$K(\omega) = \frac{1}{\sqrt{1+(\omega t)^2}} \tag{2-7}$$

相频特性为：

$$\Phi(\omega) = -\arctan(\omega t) \tag{2-8}$$

频率特性描述了系统对不同频率的谐波分量的响应情况，由幅频特性可以知道各频率信号在幅值上的放大倍数，由相频特性可以知道各频率信号在相位上产生的相位移的大小。根据叠加原理，就可以方便地从已知的输入确定输出，或从已知的输出确定输入，电测量过程属于后者，即由测试结果求被测量。

2.4 测量误差及其分类

任何测量都会存在误差，这是因为测量所涉及的每一环节，包括设备、方法、测量者、环境等因素，都会影响测量结果，使得测量结果与被测量实际值之间存在偏差。研究误差的目的是找出误差产生的原因，使得测量结果尽可能接近物理量的实际值。

真值：真值是指被测量的实际值。被测量真值只是一个理论值，实际中常用一定精度的仪表测出的约定值或用特定的方法确定的约定真值代替真值。

约定真值：约定真值是对于给定不确定度的、赋予确定量的值，有时也称指定值、最佳估计等。约定真值通常可由以下几种方法确定：

① 采用权威组织推荐该物理量的值；
② 用某量的多次测量结果确定约定真值；
③ 采用约定参考标尺中的值作为约定真值；
④ 由国家标准计量机构标定过的标准仪表测量的值。

2.4.1 按误差的表示方法分类

（1）绝对误差

某一物理量的测量值 y 与真值 Y_0 的差值称为绝对误差 ΔY：

$$\Delta Y = y - Y_0 \tag{2-9}$$

在实验室测量和计量工作中常用修正值 C 来表示绝对误差，测量值加上修正值就可得到真值，故有：

$$C = Y_0 - y \tag{2-10}$$

比较式（2-9）和式（2-10）可知，修正值与绝对误差大小相等、符号相反，即：$C = -\Delta Y$

（2）相对误差

为了说明测量精度的好坏，常用相对误差表示。根据引用的约定真值不同，相对误差可以分为以下几类。

① 实际相对误差：用绝对误差 ΔY 与被测量的约定真值 Y 的百分比来表示的相对误差。

$$\delta_{实} = \frac{\Delta Y}{Y} \times 100\% \qquad (2\text{-}11)$$

② 标称相对误差：用绝对误差 ΔY 与仪器测量值 y 的百分比来表示的相对误差。

$$\delta_{标} = \frac{\Delta Y}{y} \times 100\% \qquad (2\text{-}12)$$

③ 引用相对误差：用绝对误差 ΔY 与仪器满度值的百分比来表示的相对误差。

$$\delta_{引} = \frac{\Delta Y}{标尺刻度上限 - 标尺刻度下限} = \frac{\Delta Y}{量程} \times 100\% \qquad (2\text{-}13)$$

2.4.2 按误差的性质和产生的原因分类

（1）系统误差

在相同条件下多次测量时，所得的平均值与被测量真值之差，或在条件改变时，按某一确定规律变化的误差，称为系统误差。根据误差变化与否，系统误差又分为定值系统误差和变值系统误差。由于重复测量次数是有限的，真值只能用约定真值代替，故系统误差只是估计值，具有一定不确定度。

系统误差产生的原因大体上有以下几点：

① 测量所用的工具本身性能不完善而产生的误差；

② 测量设备和电路等安装、布置、调整不当而产生的误差；

③ 测量人员感觉器官和运动器官不完善或不良习惯而产生的误差；

④ 在测量过程中因环境发生变化所产生的误差；

⑤ 测量方法不完善，或者由于测量所依据的理论本身不完善等原因所产生的误差。

总之，系统误差的特征是其出现的规律性和产生原因具有可知性。在一个测量系统中，测量的准确度由系统误差来表征。系统误差愈小，则表明测量准确度愈高。

（2）随机误差

在相同条件下多次测量同一物理量时，在已经消除引起系统误差的因素之后，测量结果仍有误差，呈无规律的随机变化，称为随机误差。随机误差既不能修正，也不能用实验方法消除，它的符号和大小无一定规律可循，但总体上服从统计规律（如正态分布、均匀分布）。随机误差表现了测量结果的分散性，通常用精密度表征其大小。随机误差值越小，精密度越高，表明测量的重复性越好。

系统误差和随机误差的综合又称综合误差，它反映了测量的准确度和精密度。因此，精确度高说明准确度、精密度均高，也就是说系统误差和随机误差都小。精密度与准确度的区别，可以用图 2-10 射击的例子说明。图 2-10（a）表示精密度差；图 2-10（b）表示准确度差；图 2-10（c）表示精密度和准确度都很好。

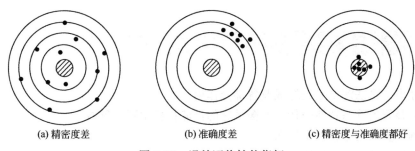

(a) 精密度差　　　　　(b) 准确度差　　　　(c) 精密度与准确度都好

图 2-10　误差评价性能指标

（3）疏忽误差

疏忽误差是由于仪器产生故障、操作者失误或重大的外界干扰所引起的测量值的异常值。这种测量值一般称为"坏值"，发现时应从测量数据中剔除。一般可通过加强测量者的工作责任心、采用科学测量方法、选择平稳的外界测量环境等措施，消除疏忽误差的影响。

2.5　对电测装置的基本要求

综上所述，确定电测装置必须慎重，为选择合适的电测装置，对电测装置有如下几点基本要求：

① 电测系统可以确保系统的信号输出能精确地反映输入；

② 整个电测装置应具有较高的灵敏度，以提高检测系统对输入变化的反应能力；

③ 电测装置的各个环节应在线性状态下工作，即其输出与输入呈线性关系，如图 2-11 所示的线性与非线性图，以保证不产生非线性失真；

④ 电测装置各环节要具有较好的频率特性，可以保证被测量的各谐波分量在幅值上得到相同的放大，在相位上得到相应的相移角，避免产生幅频失真和相频失真；

⑤ 电测装置应具有小的迟滞特性，响应速度要快，能及时反映出被测量的瞬变；

⑥ 电测装置应具有良好的工作稳定性和抗干扰能力，延长电测装置的使用寿命。

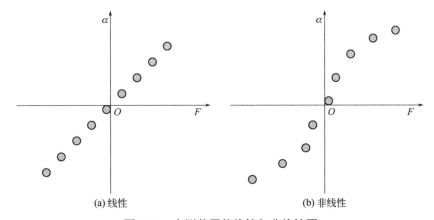

(a) 线性　　　　　　　　　　　(b) 非线性

图 2-11　电测装置的线性与非线性图

习题

1．简述电测量法测试系统组成及各部分作用。
2．电测装置的静态特性是什么？衡量它的性能指标主要有哪些？
3．电测装置的动态特性是什么？
4．测量误差的分类有哪些？
5．电测装置的基本要求有哪些？

第**3**章

传感器

本章知识构架

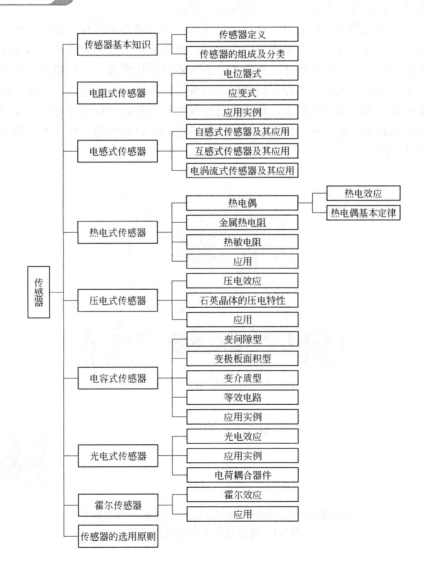

本章教学目标和要求

1. 了解传感器的定义及组成。
2. 掌握电阻应变式传感器的原理，了解电阻传感器的简单应用。
3. 熟悉自感式传感器、互感式传感器、电涡流式传感器的工作原理及特性。
4. 掌握热电效应及热电偶基本定律，熟悉金属热电阻和热敏电阻的工作原理及特点。
5. 掌握压电效应，熟悉石英晶体的压电特性。
6. 了解电容式传感器的工作原理及类型。
7. 了解霍尔效应，熟悉霍尔传感器的工作原理。
8. 熟悉传感器的选用原则。

传感器是一种能够感受外界信息，如力、热、声、磁、光、位移、尺寸等变化，并按一定规律将其转换成电信号的装置。在电测量中，必须通过传感器将非电量转换成电量信号，然后再用电测装置进行信号处理，最终获得被测量值。

传感器是自动化设备、智能电子产品、机器人等的重要感觉装置，已在汽车、机器人、医学、遥感技术、制造业等各个领域中广泛应用。可以说，从太空到海洋，从各种复杂的工程系统到人们日常生活的衣食住行，都离不开各种各样的传感器。传感器技术对国民经济的发展起着巨大的作用，现在很多行业都试图利用传感器来实现自动化，并且随着自动化技术在国民经济中的应用范围不断扩大，传感器已经成为自动控制系统中重要的组成部分，利用传感器提供准确数据，是任何控制系统中实现精确控制不可缺少的重要环节。图 3-1 为传感器在不同领域的应用。

（a）机器人领域：焊接车间

（b）医疗领域：测温计、电子血压计、助听器、心电监测仪

图 3-1　传感器在不同领域的应用

3.1 传感器基本知识

3.1.1 传感器定义

从广义上来说，传感器是一种以一定的精确度把被测量转换为与之有确定对应关系、便于应用的某种物理量的测量装置。在不同领域，也将传感器称为变换器、检测器或探测器。目前，电信号是最容易处理和传输的信号，因此，可以把传感器简单地定义为将非电信号转换为电信号的器件或装置。

3.1.2 传感器的组成及分类

（1）传感器的组成

传感器是一个完整的测量装置，能把被测非电量转换为与之有确定对应关系的有用电量输出，以满足信息的传输处理、记录、显示和控制等要求。

传感器一般是利用某种材料所具有的物理、化学和生物效应或原理，按照一定的加工工艺制备出来的电器元件。由于传感器原理存在差异之处，故传感器的组成也不同。一般情况下，传感器可以抽象为由敏感元件、传感元件、信号调节与转换电路、其他辅助电路组成的电子元件，如图 3-2 所示。

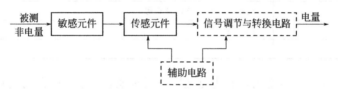

图 3-2　传感器组成框图

① 敏感元件　敏感元件是直接感受被测非电量，将被测量转换成与之有确定关系的其他量（一般为非电量）的元件。如在电感式传感器中，当铁芯和衔铁距离变化时，两者的磁阻发生改变，位移和磁阻间建立了一定关系，因此衔铁是位移敏感元件。

② 传感元件　传感元件又称变换器，是将敏感元件感受到的非电量直接转换成电信号的器件，这些电信号包括电压、电量、电阻、电感、电容、频率等。在前面的例子中，铁芯上连接线圈后，当磁阻变化时，线圈感知了磁阻的变化并使自身的电感也随之发生相应的变化。因此，线圈起到传感元件的功能。

传感器都包含敏感元件与传感元件，分别完成感知被测量和将被测量转换成电量的过程。但在有些传感器中，敏感元件和传感元件区别不是很明显。如果敏感元件直接输出电量，它就同时兼为传感元件；如果传感元件能直接感受被测非电量而输出与之成确定关系的电量，它就同时兼为敏感元件。可见，敏感元件和传感元件两者合二为一的例子在传感器中也很常见，例如压电晶体、热电偶、热敏电阻等。

③ 信号调节与转换电路　信号调节与转换电路是位于传感器和终端之间的各种元件的总称，其作用是将传感器输出的信号转换为便于显示、记录、处理和控制的信号，常用的信

号处理电路包括放大、滤波、调制、模数转换（A/D）和数模转换（D/A）等。

④ 辅助电路　辅助电路通常指电源，包括直流电源和交流电源，由传感器类型而定。交流电源由于不需要额外的转换电路，在传感器辅助电路中应用最广泛。此外，有些传感器系统也常用电池供电。

传感器技术包括传感器原理、传感器设计、传感器开发和应用等多项综合技术，正朝着高精度、智能化、微型化和集成化的方向发展，新材料的开发和加工工艺技术水平的提高是传感器技术发展的基础。

（2）传感器的分类

传感器技术是一门知识密集型技术，它与许多学科有关。其工作原理各种各样，所以其种类繁多。因此，传感器有许多分类方法，常用的分类方法如下。

① 按输入物理量分类　这种方法是根据输入量的性质进行分类，每一类物理量又可抽象为基本物理量和派生物理量两大类。例如：力可视为基本物理量，而重力、应力、力矩、电磁力等为派生物理量，对上述物理量的测量，只要采用力传感器就可以完成。常见的基本物理量和派生物理量见表 3-1。

表 3-1　基本物理量和对应的派生物理量

基本物理量	派生物理量
位移（线、角位移）	长度、厚度、高度、应变、振动、磨损、不平度、旋转角、偏转角、角振动
速度（线、角速度）	振动、流量、动量、转速、角振动
加速度（线、角加速度）	振动、冲击、质量、角振动、扭矩、转动惯量
力（压力、拉力）	重力、应力、力矩、电磁力等
时间（频率）	周期、计数、统计分布等
温度	热容等
光	光通量等

以输入物理量来分类传感器，其优点是比较明确地表达了传感器的检测对象，便于使用者根据具体的用途选用传感器。但是，对于同一个物理量可以采用不同的传感器进行检测，故以输入物理量来分类传感器的方法并不能体现传感器的工作原理，每种传感器在工作机理上的共性和差异难以区分。所以，这种分类方法不利于初学者学习传感器的一些基本原理及分析方法。

② 按检测时传感器与被测对象接触与否进行分类　测量时与被测对象接触的传感器称为接触式传感器。与被测对象无直接接触的传感器，则称为非接触式传感器，如超声波传感器、光传感器、热辐射传感器等。由于非接触式传感器不接触被测对象，故传感器和被测对象之间不会产生交互影响。

③ 按能量关系分类　可分为能量转换型传感器和能量控制型传感器。能量转换型传感器也叫有源传感器，指不需要外接电源，将非电能量转化为电能量的一类传感器，例如各种光敏、热敏、压敏传感器。能量控制型传感器也叫无源传感器，指需要外接电源才能正常工作的一类传感器，例如各种电阻原理传感器、电容原理传感器等。

④ 按工作原理分类　根据物理、化学等学科的各种原理、规律和效应，可将传感器分为压电式、热电式、光电式传感器。这种分类法的优点是传感器的工作原理明确，有利于初学者掌握传感器的各种工作原理，本书将按这种分类法介绍各种传感器。

⑤ 按输出信号的性质分类　可将传感器分为模拟式传感器和数字式传感器。数字式传感器便于与计算机联用，抗干扰性较强，近些年发展较为迅速。

3.2　电阻式传感器

电阻式传感器利用电阻作为传感元件，将非电量如力、位移、形变、速度和加速度等物理量变换成与之具有一定函数关系的电阻值的变化，再通过电测装置对电阻值的测量达到对物理量测量的目的。

电阻式传感器主要分为两大类：电位器（计）式电阻传感器和应变式电阻传感器。前者分为线绕式和非线绕式两种，它们主要用于非电量变化较大的测量场合；后者分为金属应变片和半导体应变片式电阻传感器，它们用于测量变化量相对较小的情况，具有灵敏度高的优点。

3.2.1　电位器式电阻传感器

电位器是一种常用的机电元件，广泛应用于各种电器和电子设备中。它是一种把机械的线位移或角位移输入量转换为与它成一定函数关系的电阻或电压输出的传感元件，主要用于测量压力、高度、加速度等物理参数。

（1）线绕电位器式电阻传感器工作原理

线绕电位器式电阻传感器的工作原理与滑动变阻器的工作原理基本相同，可由图 3-3 来说明。若线绕电位器的绕线截面积均匀，则电阻 R_x 与滑动位移 x 间呈线性变化关系，通过测量电阻的变化量，便可以求出被测量位移 x。图 3-3 中的 U_i 为工作电压，U_0 为输出电压；R_x 为电位器电刷移动长度 x（物理量：移动的距离）时对应的电阻，R_L 为长度为 L 的电位器的总电阻，R_U 为电测装置内阻（电位计的负载电阻）。

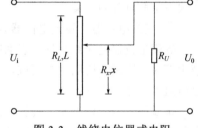

图 3-3　线绕电位器式电阻
传感器的工作原理

若电位器的负载电阻 $R_U = \infty$，根据分压原理，得：

$$U_0 = U_i \frac{R_x}{R_L} \tag{3-1}$$

对应的电阻变化为：

$$\frac{R_x}{R_L} = \frac{x}{L}, \quad R_x = R_L \frac{x}{L} = S_R x \tag{3-2}$$

将式（3-2）代入式（3-1），得：

$$U_0 = U_i \frac{x}{L} = S_V x \tag{3-3}$$

式中，$S_R = R_L/L$、$S_V = U_i/L$ 分别称为线绕式电位器的电阻灵敏度和电压灵敏度，反映了电刷单位位移所能引起的输出电阻和输出电压的变化，S_R、S_V 均为常数。式（3-3）表明，x 与

U_0 间呈线性关系。

若电位器的负载电阻 $R_U \neq \infty$，则输出电压 U_0 应为：

$$U_0 = I \frac{R_x R_U}{R_x + R_U} = \frac{U_i}{\dfrac{R_x R_U}{R_x + R_U} + (R_L - R_x)} \times \frac{R_x R_U}{R_x + R_U} = \frac{U_i R_x R_U}{R_L R_x + R_L R_U - R_x^2} \tag{3-4}$$

设 $r = \dfrac{R_x}{R_L}$，$K_U = \dfrac{R_U}{R_L}$，$X_r = \dfrac{x}{L}$，$Y = \dfrac{U_0}{U_i}$，将这些参数代入式（3-4），得：

$$Y = \frac{r}{1 + \dfrac{r}{K_U} - \dfrac{r^2}{K_U}} \tag{3-5}$$

由式（3-5）可知，当负载电阻 $R_U \neq \infty$ 时，Y 与 r 为非线性关系；当 $K_U = (R_U/R_L) \to \infty$，选取的负载电阻满足 $R_U \to \infty$，可得 $Y \to r$，此时 U_0 与 x 满足线性关系。故在选择电测装置时，负载电阻越大，传感器的输入和输出之间越接近线性关系，当满足 $R_U \gg R_L$ 时，可将其近似为线性系统。

（2）非线绕式电位器

线绕式电位器的优点是精度高、性能稳定、易于实现线性变化，其缺点是分辨率低、耐磨性差、寿命较短等。因此，在一些应用中，常采用非线绕电位器式电阻传感器检测。非线绕式电位器可分为三类。

① 膜式电位器　膜式电位器有两种：一种是碳膜电位器，另一种为金属膜电位器。

碳膜电位器是在绝缘骨架表面喷涂一层均匀的电阻液，经烘干聚合后制成电阻膜。电阻液由石墨、炭黑、树脂配制而成。这种电位器的分辨率高、耐磨性强、线性度好，缺点是接触电阻大、噪声大等。

金属膜电位器以玻璃、陶瓷或胶木为基体，用高温蒸镀或电镀等方法在其表面涂覆一层金属膜而制成。用于制作金属膜的合金为锗锑、铂铜、铂铑、铂铑锰等。这种电位器具有温度系数小、在高温下仍能正常工作的优点，但存在耐磨性差、功率小、阻值不高（1～2kΩ）的缺点。

② 导电塑料电位器　这种电位器由塑料粉及导电材料粉（合金、石墨、炭黑等）压制而成，也称实心电位器。其优点是耐磨性好、寿命长、电刷允许的接触压力大，适用于振动、冲击等恶劣条件，阻值范围大，能承受较大的功率。但该种传感器受温度影响大，同时具有接触电阻大、精度不高的缺点。

③ 光电电位器　上述几种电位器均是接触式电位器，共同的缺点是耐磨性较差、寿命较短。光电电位器是一种非接触式电位器，它以光束代替电刷，克服了上述几种电位器的缺点。

3.2.2 应变式电阻传感器

应变式电阻传感器可用于测量力、力矩、压力、加速度、质量等物理量。根据电阻变化机理不同，应变式电阻传感器可分为基于应变效应的力（压力）-应变-电阻转换的金属应变片式电阻传感器和基于压阻效应的力（压力）-硅压阻转换的半导体应变片式电阻传感器。

（1）金属应变片式电阻传感器

金属导体受到外界力作用时，产生长度或截面变化的机械变形，从而导致阻值变化，这种因应变而使阻值发生变化的现象称为"应变效应"。应变效应的产生，是因为导体电阻 $R=\rho L/A$ 与其几何尺寸 L、A 有关（ρ 在金属导体变形时基本不变，但在半导体应变中却起主导作用），当导体在受力作用时，这两个参数都会发生变化，所以会引起电阻的变化。通过测量阻值的大小，便可间接求出作用力的大小。

① 结构和组成　电阻应变片种类繁多，但结构大体相似，现以金属丝绕式应变片为例加以说明，见图 3-4。将金属电阻丝粘贴在基底上，并在它的上面覆一层薄膜，使它们变成一个整体，这就是金属丝绕式应变片的基本结构。

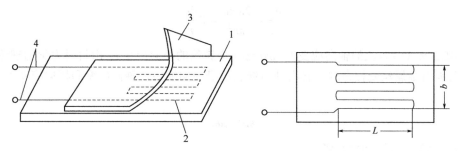

图 3-4　金属丝绕式应变片的结构示意图

1—基底；2—高电阻率的合金金属电阻丝（敏感栅）；3—盖片；4—引线；
L—敏感栅的长度；b—敏感栅的宽度

金属电阻丝的优劣极大程度上决定了测量的准确性，因此，对金属电阻丝材料应有如下要求：a. 应变灵敏系数大，且线性范围宽；b. 电阻率大，即在同样长度、同样横截面积的电阻丝中具有较大的电阻值；c. 电阻稳定性好，温度系数小，其阻值随环境温度变化小；d. 易于焊接，对引线材料的接触电势小；e. 抗氧化能力高、耐腐蚀、耐疲劳，机械强度高，具有优良的机械加工特性。

② 工作原理　金属导体受力后尺寸会发生微小变化，其变化如图 3-5 所示。金属导体的初始电阻 R 为：

$$R = \rho \frac{L}{A} \tag{3-6}$$

式中　L——金属丝的长度，m；

　　　A——金属丝的横截面面积，m^2；

　　　ρ——金属丝的电阻率，$\Omega \cdot m$。

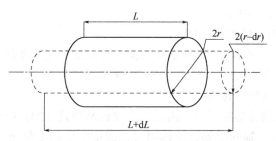

图 3-5　金属导体尺寸变化示意图

如果沿电阻丝长度方向施加作用力，则 ρ、L、A 的变化（$d\rho$、dL、dA）将引起电阻 dR 的变化，dR 可通过式（3-6）的全微分求得：

$$dR = \frac{\rho}{A}dL + \frac{L}{A}d\rho - \frac{\rho L}{A^2}dA \qquad (3\text{-}7)$$

将式（3-7）两端除以 R，则以相对变化量表示的全微分方程为：

$$\frac{dR}{R} = \frac{dL}{L} + \frac{d\rho}{\rho} - \frac{dA}{A} \qquad (3\text{-}8)$$

若电阻丝截面为圆形，则 $A = \pi r^2$，r 为电阻丝的半径，对 r 微分得 $dA = 2\pi r dr$，则：

$$\frac{dA}{A} = \frac{2\pi r dr}{\pi r^2} = 2\frac{dr}{r} \qquad (3\text{-}9)$$

令 $dL/L = \varepsilon_x$（金属丝的轴向应变），$dr/r = \varepsilon_r$（金属丝的横向应变）。由材料力学的理论可知，在弹性范围内金属丝受拉力时，它沿轴向伸长、沿横向缩短，轴向应变和横向应变的关系可表示为：

$$\varepsilon_r = -\mu\varepsilon_x \qquad (3\text{-}10)$$

式中　μ——金属材料的泊松比。

将式（3-9）和式（3-10）代入式（3-8），整理可得：

$$\frac{dR}{R} = (1+2\mu)\varepsilon_x + \frac{d\rho}{\rho} \quad \text{或} \quad \frac{dR/R}{\varepsilon_x} = (1+2\mu) + \frac{d\rho/\rho}{\varepsilon_x} \qquad (3\text{-}11)$$

令

$$K_S = \frac{dR/R}{\varepsilon_x} = (1+2\mu) + \frac{d\rho/\rho}{\varepsilon_x} \qquad (3\text{-}12)$$

K_S 为灵敏系数，其物理意义是单位应变所引起的电阻相对变化。K_S 受两个因素影响；一是受力后材料的几何尺寸的变化，即 $(1+2\mu)$ 项；另一个是受力后电阻率的变化，即 $d\rho/(\rho\varepsilon_x)$ 项。对于金属材料，$(1+2\mu)$ 和 $d\rho/(\rho\varepsilon_x)$ 均为常数，后者值很小，故 $(1+2\mu)$ 项起主导作用，其值在 $1.5\sim2$ 之间。

③ 应力检测过程　用应变片测量应变或应力时，在外力作用下，被测对象产生机械变形，应变片随之发生相同的变化，同时，应变片电阻也发生相应变化。当测得应变片电阻变化量 ΔR 时，便可计算出被测对象的应变值 ε，根据应力和应变的关系，应力 σ 为：

$$\sigma = E\varepsilon \qquad (3\text{-}13)$$

式中　σ——试件的应力，MPa；

　　　E——试件材料的弹性模量，MPa。

由式（3-13）可知，σ 正比于 ε，而试件应变 ε 又正比于电阻的相对变化量 dR/R，所以应力正比于 dR/R，这就是利用应变片对应力进行测量的基本原理。

（2）半导体应变片式电阻传感器

半导体应变片式电阻传感器是以压阻效应为理论基础设计的。所谓压阻效应，是指锗、硅等半导体材料，当某一轴向受到力的作用时，因电阻率的变化而致使电阻变化的现象，图 3-6 所示为半导体应变片。

根据前面的分析，当应变片受力时，电阻相对变化的表达式为：

$$\frac{\Delta R}{R} = (1 + 2\mu)\varepsilon_z + \frac{\Delta \rho}{\rho} \quad （3-14）$$

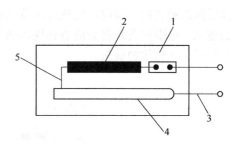

图 3-6　半导体应变片

1—基片；2—半导体敏感条；3—外引线；
4—引线连接片；5—内引线

式中，$\Delta\rho/\rho$ 为半导体应变片的电阻率相对变化，其值与半导体敏感条在轴向所受的应力之比为常数，即：

$$\frac{\Delta \rho}{\rho} = \pi\sigma = \pi E \varepsilon_z \quad （3-15）$$

式中，π 为半导体材料的压阻系数；ε_z 为半导体轴向应变。

将式（3-15）代入式（3-14）中，得：

$$\frac{\Delta R}{R} = (1 + 2\mu + \pi E)\varepsilon_z$$

式中，$(1+2\mu)$ 项随几何形状而变化；πE 为压阻效应项，随电阻率而变化。实验证明：半导体应变片的 πE 比（$1+2\mu$）大近百倍，所以（$1+2\mu$）可忽略，因而半导体应变片的灵敏系数为：

$$K_{\mathrm{B}} = \frac{\Delta R / R}{\varepsilon_z} = \pi E \quad （3-16）$$

半导体应变片最突出的优点是体积小，灵敏度高，频率响应范围很宽，输出幅值大，不需要放大器便可直接与记录仪连接使用；其缺点是温度系数大，应变时非线性比较严重，电阻率与半导体材料的晶体取向密切相关等。

3.2.3　电阻式传感器应用的简单实例

电阻式传感器的应用主要有两个方面：一方面是作为敏感元件直接用于被测试件的应变测量；另一方面则是利用弹性元件将被测压力转换为弹性元件的其他物理量进行间接测量。

（1）流体压力测定

电位式电阻传感器是利用弹性元件（如弹簧管、膜片或膜盒）把被测的压力转化为弹性元件的位移，并使此位移变为电刷触点的移动，从而引起输出电压或电流的相应变化。

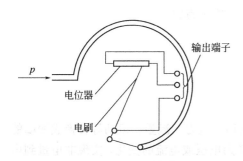

图 3-7　YCD-150 型压力传感器原理图

图 3-7 为 YCD-150 型压力传感器原理图，在弹簧管内通入被测流体，在流体压力 p 的作用下，弹簧管产生弹性位移，使曲柄轴带动电位器的电刷在电位器绕阻上滑动，因而输出一个与被测压力成比例的电压信号。

（2）电子秤

应变式电阻传感器可以被用于测力和称重，作为各种电子秤与材料试验机的测力元件，要求其具有较高的灵敏度和稳定性。图 3-8 为电子秤称量物体质量的示意图。将电阻应变片用特殊的黏结剂粘贴在弹性体的表面，随着托盘上物体质量的变化，电阻应变片将会随着弹性体的变形而变化，进而输出相应的电信号，最终通过仪表系统显示出物体的质量。

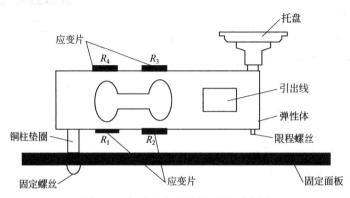

图 3-8　电子秤称量物体质量示意图

（3）加速度的测量

加速度是运动参数，要对其进行定量测量，首先需要通过质量块的惯性作用将加速度转化为力 F，再作用于弹性元件上。

测量加速度的传感器结构示意图如图 3-9 所示，在悬臂梁的一端固定惯性质量块，梁的另一端用螺钉固定在基座上，在梁的上、下两面粘贴应变片，梁和质量块的周围充满阻尼液（硅油），用以产生必要的阻尼。测量时，将传感器和被测对象刚性连接，当加速度作用在传感器壳体时，梁的刚度很大，质量块由于惯性也会以相同的加速度运动，其产生的惯性力正比于加速度 a（$F=ma$），而应变片由于刚性梁的变形则会精确地测量出所产生的力的大小，进而以电信号的形式输出，最终再经过相应的程序将电信号处理并输出所测加速度。

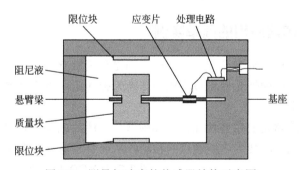

图 3-9　测量加速度的传感器结构示意图

3.3　电感式传感器

电感式传感器是利用电磁感应现象将被测量如位移、压力、流量、振动等转换成线圈的自感系数 L 或互感系数 M 的变化，再由测量电路转换为电压或电流的变化，实现非电量到电量的转换，如图 3-10 所示。

图 3-10　电感式传感器测量原理框图

电感式传感器具有以下特点：

① 结构简单；

② 传感器无活动触点；

③ 工作可靠、寿命长；

④ 灵敏度和分辨率高，能测出 0.01μm 的位移变化；

⑤ 传感器的输出信号强，一般每毫米的位移可达数百毫伏的输出，电压灵敏度高；

⑥ 线性度和重复性好，在位移为几十微米至数毫米范围内，传感器非线性误差可做到 0.05%～0.1%，稳定性较好；

⑦ 电感式传感器的频率响应较低，不宜快速动态测量；

⑧ 电感式传感器能实现信息的远距离传输、记录、显示和控制，它在工业自动控制系统中被广泛采用。

3.3.1　自感式传感器

（1）结构和工作原理

自感式传感器属于电感式传感器的一种，它是利用线圈自感的变化来实现测量的。自感式传感器的结构如图 3-11 所示，它由线圈、铁芯和活动衔铁三部分组成，铁芯和衔铁由导磁材料如硅钢片、坡莫合金（permalloy，又称高导磁合金，指铁镍合金，其含镍量的范围很广，在 35%～90%之间。坡莫合金的最大特点是具有很高的弱磁场磁导率）等制成。在铁芯和活动衔铁之间有气隙，气隙厚度为 δ，传感器的运动部分与衔铁相连。当衔铁移动时，气隙厚度 δ 发生变化，从而使磁路中磁阻发生变化，进而使电感线圈的电感值发生变化，这样可以计算被测量的位移大小。

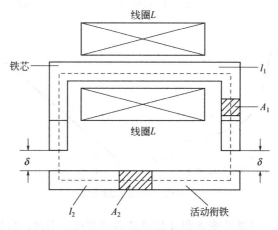

图 3-11　自感式传感器结构

l_1—铁芯的长度；l_2—衔铁的长度；A_1—铁芯的横截面积；A_2—衔铁的横截面积；δ—空气气隙

根据电工学的知识，线圈的电感 L 可表达为：

$$L = \frac{N^2}{R_M} \tag{3-17}$$

式中　N——线圈匝数；

　　　R_M——单位长度上磁路的总磁阻，H^{-1}。

R_M 可表达为：

$$R_M = R_F + R_\delta \tag{3-18}$$

式中　R_F——总的铁芯磁阻，H^{-1}；

　　　R_δ——空气气隙磁阻，H^{-1}。

R_F 和 R_δ 可以表达为：

$$R_F = \frac{l_1}{\mu_1 A_1} + \frac{l_2}{\mu_2 A_2}, \quad R_\delta = \frac{2\delta}{\mu_0 A} \tag{3-19}$$

式中　l_1——磁通通过铁芯的长度，m；

　　　A_1——铁芯横截面积，m^2；

　　　μ_1——铁芯材料的磁导率，H/m；

　　　l_2——磁通通过衔铁的长度，m；

　　　A_2——衔铁横截面积，m^2；

　　　μ_2——衔铁材料的磁导率，H/m；

　　　δ——气隙厚度，m；

　　　A——气隙横截面积，m^2；

　　　μ_0——空气的磁导率，$4\pi \times 10^{-7}$H/m。

由于 $\mu_1 = \mu_2 \gg \mu_0$，故 $R_F \ll R_\delta$，R_F 可以忽略，因此，线圈的电感可近似表达为：

$$L \approx \frac{N^2}{\dfrac{2\delta}{\mu_0 A}} = \frac{\mu_0 A N^2}{2\delta} \tag{3-20}$$

由式（3-20）可知，电感 L 与 δ 之间为双曲线关系，与 A 呈线性关系，见图 3-12。

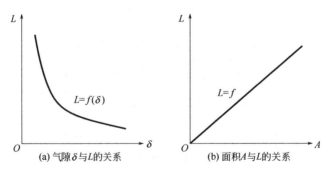

图 3-12　电感 L 的变化

当线圈匝数确定后，只要改变 δ 和 A 均可使电感变化。因此，自感式传感器又可分为变气隙厚度 δ 的传感器和变气隙面积 A 的传感器。在各类应用中，使用最广泛的是变气隙式电感传感器，其原因在于采用差动连接的形式可以改善非线性误差的影响。

（2）变气隙式电感传感器输出特性

输出特性是指电桥输出电压与传感器衔铁位移量之间的关系。设电感传感器初始气隙为 δ_0，初始电感为 L_0，衔铁位移引起的气隙变化量为 $\Delta\delta$，从式（3-20）可知 L 和 δ 之间呈非线性关系，初始电感 L_0 可表示为：

$$L_0 = \frac{\mu_0 A N^2}{2\delta_0} \tag{3-21}$$

当衔铁下移 $\Delta\delta$ 时，传感器气隙增大 $\Delta\delta$，即 $\delta_0+\Delta\delta$，则电感量减少，电感变化量 ΔL_1 为：

$$\Delta L_1 = L - L_0 = \frac{N^2 \mu_0 A}{2(\delta_0 + \Delta\delta)} - \frac{N^2 \mu_0 A}{2\delta_0} = \frac{N^2 \mu_0 A}{2\delta_0}\left(\frac{2\delta_0}{2\delta_0 + 2\Delta\delta} - 1\right) = L_0 \frac{-\Delta\delta_0}{\delta_0 + \Delta\delta} \tag{3-22}$$

电感量的相对变化为：

$$\frac{\Delta L_1}{L_0} = \frac{-\Delta\delta}{\delta_0 + \Delta\delta} = \left(\frac{1}{1+\frac{\Delta\delta}{\delta_0}}\right)\left(\frac{-\Delta\delta}{\delta_0}\right) \tag{3-23}$$

当 $\Delta\delta/\delta_0 \ll 1$ 时，上式可展开成傅里叶级数形式：

$$\frac{\Delta L_1}{L_0} = -\frac{\Delta\delta}{\delta_0} + \left(\frac{\Delta\delta}{\delta_0}\right)^2 - \left(\frac{\Delta\delta}{\delta_0}\right)^3 + K \tag{3-24}$$

当衔铁上移 $\Delta\delta$ 时，$\delta=\delta_0-\Delta\delta$，则电感的相对变化展开成傅里叶级数为：

$$\frac{\Delta L_2}{L_0} = \frac{\Delta\delta}{\delta_0}\left[1 + \frac{\Delta\delta}{\delta_0} + \left(\frac{\Delta\delta}{\delta_0}\right)^2 + K\right] = \frac{\Delta\delta}{\delta_0} + \left(\frac{\Delta\delta}{\delta_0}\right)^2 + \left(\frac{\Delta\delta}{\delta_0}\right)^3 + K \tag{3-25}$$

在式（3-24）和式（3-25）中，忽略掉包括二次项以上的高次项，则 ΔL_1 和 ΔL_2 和 δ 成线性关系。由此可见，高次项是造成非线性的主要原因，且 ΔL_1 和 ΔL_2 是不相等的。$\Delta\delta/\delta_0$ 越小，高次项也越小，非线性得到改善。这说明了输出特性和测量范围之间存在矛盾，故电感式传感器用于测量微小位移量要更精确些。为了减少非线性误差，实际测量中一般都采用差动式自感传感器。

式（3-24）和式（3-25）忽略掉包括二次项以上的高次项后，可得到传感器灵敏度的表达式：

$$S = \left|\frac{\Delta L}{\Delta\delta}\right| = \left|\frac{L_0}{\delta_0}\right| \tag{3-26}$$

可见，凡是有利于减小衔铁和铁芯间的初始距离和增加初始电感的措施都能提高传感器的灵敏度，一般采用的方法是增加线圈的匝数和采用磁导率大的材料。

（3）差动式自感传感器

由于线圈中通有交流励磁电流，因而衔铁始终承受电磁吸力，会引起震动和附加误差，而且非线性误差较大。外界的干扰、电源电压频率的变化、温度的变化都会使输出产生误差。在实际使用中，常采用两个相同的传感线圈共用一个衔铁，构成差动式自感传感器，两个线圈的电气参数和几何尺寸要求完全相同。这种结构除了可改善线性、提高灵敏度外，对温度、电源频率的变化等的影响也可以进行补偿，从而减少外界影响产生的误差。

① 结构和工作原理　图 3-13 为差动式变气隙电感传感器结构和原理图，衔铁通过导杆与被测位移量相连，当被测体上下移动时，导杆带动衔铁也以相同的位移上下移动，使两个磁回路中磁阻发生大小相等、方向相反的变化，导致一个线圈的电感量增加，另一个线圈的电感量减小，形成差动形式。

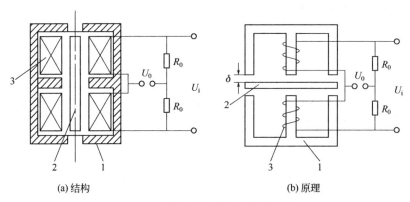

(a) 结构　　　　　　　　　　　　　　　(b) 原理

图 3-13　差动式变气隙电感传感器
1—铁芯；2—衔铁；3—线圈

传感器的两只电感线圈接成交流电桥的相邻桥臂，另外两只桥臂由电阻组成，它们构成四臂交流电桥，供桥电源为 U_i（交流），桥路输出交流电压 U_0。初始状态时，衔铁位于中间位置，两边空隙相等，因此，两只电感线圈的电感量相等，电桥输出 $U_0=0$，即电桥处于平衡状态。衔铁偏离中间位置，向上或向下移动时，会造成两边气隙不一样，使两只电感线圈的电感量一增一减，导致电桥不平衡。电桥输出电压的大小与衔铁移动的大小成比例，其相位则与衔铁移动的方向有关。若向下移动，输出电压为正，而向上移动时，输出电压则为负。因此，只要能测量出输出电压的大小和相位，就可以决定衔铁位移的大小和方向。衔铁带动连动机构就可以测量各种非电量，如位移、液面高度、速度等物理量。

② 输出特性　当构成差动式自感传感器，根据图 3-13，电桥输出电压将与 ΔL 有关：

$$\Delta L = L_2 - L_1 = 2L_0\left[\frac{\Delta\delta}{\delta_0} + \left(\frac{\Delta\delta}{\delta_0}\right)^3 + \left(\frac{\Delta\delta}{\delta_0}\right)^5 + K\right] \tag{3-27}$$

式中，$L_1 = \mu_0 A N^2/[2(\delta_0+\Delta\delta)]$，H；$L_2 = \mu_0 A N^2/[2(\delta_0-\Delta\delta)]$，H；$L_0$ 为衔铁在中间位置时单个线圈的电感，H。

从式（3-27）可知，不存在偶次项。显然，差动式自感传感器的非线性在 $\pm\Delta\delta$ 工作范围内要比单个电感传感器小很多。差动式自感传感器的灵敏度 S，可由式（3-27）忽略高次项后得到：

$$S = 2L_0/\delta_0 \tag{3-28}$$

根据结构图和以上分析可以看出，差动式与单线圈电感传感器相比，具有以下优点：a. 线性度高；b. 灵敏度高，当衔铁位移相同时，其输出信号大一倍；c. 温度变化、电源波动、外界干扰等对传感器精度的影响较小；d. 电磁吸力对测力变化的影响减弱。

（4）自感式传感器的应用实例

① 变气隙式差动电感压力传感器　图 3-14 为变气隙式差动电感压力传感器结构图，当

被测压力 p 进入 C 型弹簧管时，C 型弹簧管产生变形，其自由端发生位移，带动与自由端相连的衔铁运动，使线圈 1 和线圈 2 中的电感发生大小相等、符号相反的变化，即一个电感量增大，另一个电感量减小。电感的这种变化通过电桥电路转化为电压输出，由于输出电压与被测压力之间成比例关系，所以只要用检测仪表测量出输出电压，即可得知被测压力的大小。

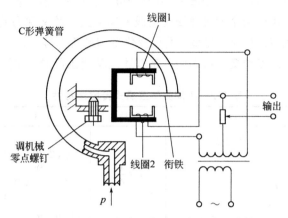

图 3-14　变气隙式差动电感压力传感器结构图

　　② 电感式滚柱直径分选装置　在机械行业中，轴承是重要的标准件之一，其质量好坏在一定程度上会影响到整个机械系统的性能。电感式滚柱直径分选装置就是用来自动测量并分选出不同尺寸偏差等级的滚柱，从而选择并制造出精确性和可靠性较高的轴承。电感式滚柱直径分选装置的结构原理如图 3-15 所示，由机械排序进来的滚柱按顺序进入电感测微仪，电感测微仪的测杆在电磁铁的控制下，先提升到一定的高度，让滚柱进入电感测微仪的正下方对其直径进行测量，然后电磁铁释放，同时，在电磁铁驱动器的控制下打开限位挡板和电磁翻板使滚柱滚落至对应料斗中，完成对滚柱的筛选。

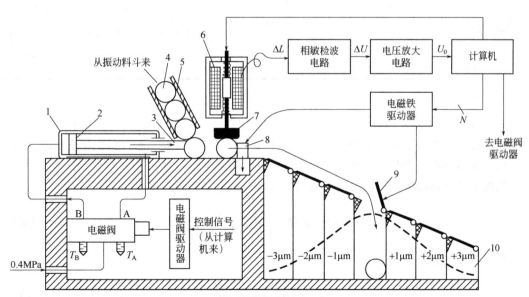

图 3-15　电感式滚柱直径分选装置的结构原理

1—气缸；2—活塞；3—推杆；4—被测滚柱；5—落料管；6—电感测微仪；
7—钨钢测头；8—限位挡板；9—电磁翻板；10—料斗

3.3.2　互感式传感器

互感式传感器是将被测量的变化转换为变压器互感变化的电子器件。这种传感器是根据变压器的基本原理制成，把被测位移量转化为初级线圈和次级线圈间的互感量变化的装置。当初级线圈接入励磁电源后，次级线圈就将产生感应电动势，当两者间的互感量变化时，感应电动势也相应变化。由于两个次级线圈常接成差动形式，故又称为差动变压器式传感器。互感式传感器结构形式有：气隙变化型、面积变化型和螺管型等，其具体特性如表 3-2 所示。下面将以三段式螺线管式差动变压器为例，来叙述差动变压器的工作原理。

表 3-2　不同类型互感式传感器特性

型式	特性曲线	线性	灵敏度	使用范围	应用
气隙变化型	$L = \dfrac{W^2 \mu_0 A}{2\delta}$	$L \propto \dfrac{1}{\delta}$ 最差	$S = \dfrac{W^2 \mu_0 A}{2\delta_0^2}$ δ_0 较小时，S 最大，一般 $\delta_0 = 0.2 \sim 0.5\text{mm}$	最小 $\dfrac{\delta}{\delta_0} \leqslant 0.1$ 非线性误差 $= \left\| \dfrac{\Delta\delta}{\delta} \right\| \times 100\%$	小尺寸高精度测量，可完成非接触式测量
面积变化型	$A_r = b(a-x)$ $L = \dfrac{W^2 \mu_0 b(a-x)}{2\delta}$	$\Delta L \propto \Delta x$ 良好	$S = -\dfrac{W^2 \mu_0 A}{2\delta}$ 为常数 灵敏度一般	一般	较少
μ 变化型（螺管型）	由于精确理论计算较为复杂，故用实验得到	最好	S 为常数 灵敏度一般	较长 （测 2m）	最广泛，灵敏度低的缺点可由后继电路解决

（1）结构与工作原理

图 3-16 为三段式螺线管差动变压器的等效电路图，其中，次级线圈 L_{21} 和 L_{22} 反向串联，当向初级线圈 L_1 施加励磁电压时，次级线圈中便会产生感应电势。若可以保证变压器结构完全对称，则当衔铁位于初始位置（平衡位置）时，输出电压为零。

根据等效电路图以及相关的电路知识，可以推出输出电压为：

$$\dot{U}_0 = -j\omega(M_1 - M_2)\frac{U_i}{R_1 + j\omega L_1} \tag{3-29}$$

输出电压的有效值为：

$$\dot{U}_0 = \frac{\omega(M_1 - M_2)U_i}{\sqrt{R_1^2 + (\omega L_1)^2}} \tag{3-30}$$

式中　　ω ——角频率，rad/s；

M_1、M_2——互感系数，H；

    L_1——初级线圈的电感，H；

    R_1——L_1的内阻，Ω。

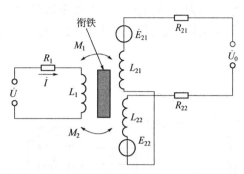

图 3-16　三段式螺线管差动变压器等效电路

可见，活动衔铁位于中间位置时，$M_1=M_2$，$\dot{U}_0=0$；活动衔铁向上移动时，$M_1>M_2$，$\dot{U}_0\neq0$；活动衔铁向下移动时，$M_1<M_2$，$\dot{U}_0\neq0$。

（2）互感式传感器的应用实例

① 差动变压器式压力变送器　压力变送器已经将传感器与信号处理电路组合在一起，并安装在检测现场，在工业中经常被称为一次仪表，可接入二次仪表加以显示。由于上述一次仪表输出的信号（既可以是电压也可以是电流）既易于处理，又符合国家标准，所以这类仪表又被称为变送器。

差动变压器式压力变送器主要用于测量油、水以及其他介质中的压力，使用时可将壳体固定于相应介质之中。图 3-17 为差动变压器式压力变送器的结构原理图，在无压力作用时膜盒处于初始状态，固定连接于膜盒中心的衔铁位于差动线圈的中部，输出电压为零。当被测压力发生变化压动接头并将压力输入膜盒后，推动衔铁移动，从而使差动变压器输出正比于被测压力的电压，最终便可将其转化为相应的压力值，这种差动变压器式压力变送器可测量$(-4\sim6)\times10^4$Pa 的压力。

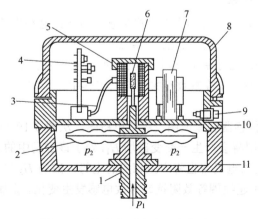

图 3-17　差动变压器式压力变送器

1—压力输入接头；2—波纹膜盒；3—电缆；4—印刷线路板；5—差动线圈；6—衔铁；7—电源变压器；
8—罩壳；9—指示灯；10—密封隔板；11—安装底座

② 加速度传感器 图 3-18 为差动变压器式加速度传感器的原理结构图，它由悬臂梁和差动变压器构成。测量时，将悬臂梁底座和差动变压器的线圈骨架固定，而将衔铁的下端与被测振动体相连接，此时传感器作为加速度测量中的惯性元件，它的位移与被测加速度成正比，使加速度的测量转化为位移的测量。当被测体带动衔铁以Δx 振动时，差动变压器的输出电压也按相同规律变化，通过输出电压值的变化间接地反映了被测加速度值的变化。

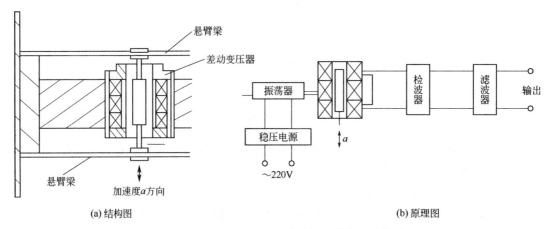

(a) 结构图　　　　　　　　　　　　　　　　　(b) 原理图

图 3-18　差动变压器式加速度传感器原理结构图

3.3.3　电涡流式传感器

电涡流式传感器是利用金属导体中的涡流与励磁磁场之间进行电磁能量传递而实现的，因此必须有一个交变磁场的励磁源（传感器线圈）。被测对象以某种方式调制磁场，从而改变励磁线圈的电感，从这个角度来说，电涡流式传感器也是一种特别的电感式传感器。这种传感技术属于主动测量技术，即在测试中测量仪器主动发射能量，观察被测对象吸收或反射的能量。电涡流式传感器的应用并没有特定的目标，常用于位移、厚度、转速、温度等非电量的测量。

（1）基本原理及等效电路

金属导体置于变化磁场中，导体内就会产生感应电流，这种电流流线呈闭合回线，像水中旋涡那样在导体内转圈，所以称为电涡流或涡流，这种现象就称为电涡流效应。涡流的大小与金属体的电阻率 ρ、磁导率 μ、金属板的厚度以及产生交变磁场的线圈与金属导体的距离 x、线圈的励磁电流频率 f 等参数有关。若固定其中若干参数，就能按涡流大小测量出其他参数。

图 3-19 为电涡流式传感器的原理图及等效电路图，从图 3-19（a）可知，当线圈通入交变电流 I_1 时，在线圈的周围将会产生一交变磁场 H_1，处于该磁场中的金属将产生感应电动势，并形成涡流。金属上流动的电涡流也将产生相应的电势，磁场 H_2 与 H_1 方向相反并对线圈磁场 H_1 起抵消作用，从而引起线圈等效阻抗或等效电感发生变化。金属体上的电涡流越大，这些参数变化也就越大。

根据图 3-19（b）电涡流传感器的等效电路图再结合基尔霍夫定律可以得到：

$$R_1 I_1 + \mathrm{j}\omega L_1 I_1 - \mathrm{j}\omega M I_2 = \dot{U} \tag{3-31}$$

$$-\mathrm{j}\omega M I_1 + R_2 I_2 + \mathrm{j}\omega L_2 I_2 = 0 \qquad (3\text{-}32)$$

将式（3-31）与式（3-32）联立解得励磁线圈的等效阻抗为：

$$Z = \frac{\dot{U}}{I_1} = R_1 + \frac{\omega^2 M^2}{R_2^2 + (\omega L_2)^2} R_2 + \mathrm{j}\omega\left[L_1 - \frac{\omega^2 M^2}{R_2^2 + (\omega L_2)^2} L_2 \right] = R_{\mathrm{eq}} + \mathrm{j}\omega L_{\mathrm{eq}} \qquad (3\text{-}33)$$

式中，$R_{\mathrm{eq}} = R_1 + \dfrac{\omega^2 M^2}{R_2^2 + (\omega L_2)^2} R_2$，为励磁线圈的等效电阻；$L_{\mathrm{eq}} = L_1 - \dfrac{\omega^2 M^2}{R_2^2 + (\omega L_2)^2} L_2$ 为励磁线

圈的等效电感。由式（3-33）可知，线圈的等效电阻 R_{eq} 随电涡流的增大而增加，且 $R_{\mathrm{eq}} > R_1$；线圈的等效电感 L_{eq} 随线圈与金属导体距离减小而减小，且 $L_{\mathrm{eq}} < L_1$。

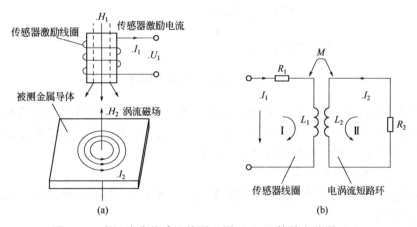

图 3-19　电涡流式传感器的原理图（a）及等效电路图（b）

（2）电涡流式传感器的转换电路

利用电涡流式传感器工作时，常会为了获得较强的电涡流效应而使励磁线圈工作于较高的频率之下，因此，用于电涡流式传感器的转换电路主要有调幅式和调频式两种。

① 调频式电路　调频式电路原理如图 3-20 所示，传感器被接入 LC 振荡回路之中，当传感器和被测导体的距离发生变化时，其传感器的电感也会随着涡流的变化而变化，变化频率为距离的函数，此频率可通过直接或间接测量而得出。如果要用模拟仪器进行显示或记录，则必须用到鉴频器，将 Δf 转换为电压 ΔU。

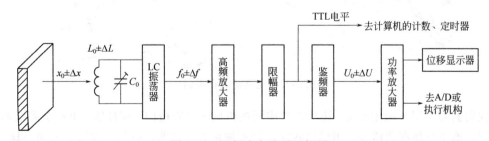

图 3-20　调频式电路原理框图

② 调幅式电路　传感器线圈 L_x 和电容 C_0 并联组成谐振回路，石英晶体组成石英晶体振荡器，如图 3-21 所示。石英晶体振荡器起恒流源的作用，给谐振回路提供一个稳定频率 f_0

和激励电流 I_0，此回路输出电压为：

$$U_0 = I_0 \frac{L}{RC} \qquad\qquad (3-34)$$

式中 I_0——激励电流，A；

       L——电感，H；

       R——谐振回路中的电阻，Ω；

       C——电容，F。

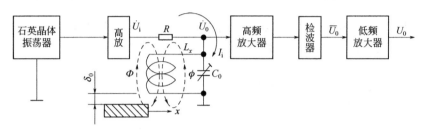

图 3-21   调幅式电路原理框图

当金属导体远离或被去除时，LC 并联谐振回路的频率即为石英晶体的振荡频率 f_0，回路呈现的阻抗最大，谐振回路上的输出电压也最大；反之，当金属靠近传感器线圈时，等效电感发生变化导致回路失谐，从而使输出电压降低。

（3）电涡流式传感器的应用

电涡流式传感器具有灵敏度高、结构简单、抗干扰能力强等一系列优点，因此被广泛应用于日常生活之中。

① 电涡流式探雷器   图 3-22 是一种用于探测地雷及地雷场的电涡流式探雷器，它属于金属探测器的一种，通常由探头、信号处理单元和报警器三部分组成，其内部的电子线路与探头环线圈通过振荡形成固定的交变磁场。当有金属接近时，线圈的感抗发生变化，从而改变振荡频率发出警报。

图 3-22   电涡流式探雷器

探雷器除了用于探测地雷，还被广泛应用在机场金属安检门、探钉器、手持金属探测器、考古用的地下金属探测器等。虽然这些探测器不被称为探雷器，但其工作原理大同小异。

② 电涡流涂层厚度仪   图 3-23 为电涡流涂层厚度仪，由于存在集肤效应，镀层或箔层越薄，电涡流越小。测量前，可先用电涡流测厚仪对标准厚度的镀层和铜箔做出"厚度-输出电压"的标定曲线，以便测量时对照。

③ 转速计 转速计工作示意如图 3-24 所示，在一个旋转体上开一条或数条槽，或者加工成齿轮状，旁边安装一个电涡流传感器，当旋转体转动时，传感器将周期性地改变输出信号，此电压信号经过放大整形后可用频率计指示出频率值，可计算转速为：

$$n = 60\frac{f}{z} \tag{3-35}$$

式中 f——输出信号的频率，Hz；

z——旋转体的齿数；

n——被测体的转速，r/min。

这种转速传感器可实现非接触式测量，抗干扰能力很强，可安装在旋转轴近旁长期对转速进行监测。

图 3-23 电涡流涂层厚度仪   图 3-24 转速计工作示意图

3.4 热电式传感器

热加工领域中几乎所有的加工对象都涉及温度，对温度的控制是实现对各种加工对象质量控制的一个有效途径，故温度测量在热加工领域中具有重要意义。

热电式传感器是一种可将温度转化为电势、电阻或磁导等电量的元件。在各类热电式传感器中，以把温度转换为电势和电阻的方法最为普遍。将温度变化转换为电势变化的热电式传感器叫热电偶；将温度变化转换为电阻变化的热电式传感器叫热电阻，其中半导体热电阻式传感器简称热敏电阻。

3.4.1 热电偶

（1）热电效应

把两种不同的金属 A 和 B 连接成闭合回路，见图 3-25，其中一个接点的温度为 T，而另一端温度为 T_0，则在回路中有电流产生，这一现象称为热电效应，由赛贝克于 1823 年发现。如果在回路中接入电流计 M，就可以看到 M 的指针偏转，这种情况下产生的电势叫热电势，用 $E_{AB}(T, T_0)$ 来表示。通常把两种不同金属的这种组合称为热电偶，A 和 B 称为热电极，温度高的接点称为热端（或称工作端），温度低的接点称为冷端（或称自由端、参考端）。利用热电偶把被测温度转换为热电势，通过仪表测出电势大小，便可计算出被测量的温度。

由物理学可知，热电势 $E_{AB}(T, T_0)$ 由接触电势和温差电势两部分组成。

① 接触电势产生的原因　所有金属都具有自由电子，金属种类不同，自由电子的浓度也不同。当两种不同金属 A 和 B 接触时，在接触处就会因电子浓度不同而发生电子扩散，如图 3-26 所示。

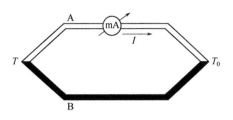

图 3-25　热电效应原理图

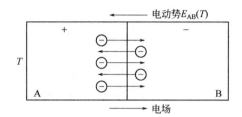

图 3-26　接触电势形成示意图

若金属 A 的自由电子浓度大于金属 B 的自由电子浓度，则在同一瞬间由金属 A 扩散到金属 B 中的电子将比由金属 B 扩散到 A 中去的电子多，因而金属 A 因失去电子而带正电荷，金属 B 因获得电子而带负电荷。由于正、负电荷的存在，在接触处便产生电场，该电场将力图阻止扩散的进行。上述过程的发展，直至扩散作用和阻止扩散的作用达到动态平衡，即由金属 A 扩散到金属 B 的自由电子与由金属 B 扩散到金属 A 中的自由电子（形成漂移电流）相等，由此 A 和 B 两金属之间便产生了接触电势，它的数值取决于两种金属的性质和接触点的温度，而与金属的形状及尺寸无关。

由物理学可知，接触电势可表达为：

$$E_{AB}(T) = \frac{KT}{e} \ln \frac{n_A}{n_B} \qquad (3-36)$$

式中　K——玻尔兹曼常数，$K=1.38 \times 10^{-23} \mathrm{J \cdot K^{-1}}$；

　　　T——热力学温度，K；

　n_A、n_B——材料 A、B 的自由电子密度，$\mathrm{m^{-3}}$；

　　　e——电子电荷电量，$e=1.602 \times 10^{-19} \mathrm{C}$。

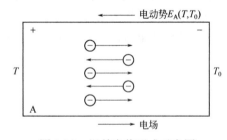

图 3-27　温差电势形成示意图

② 温差电势产生的原因　对于同一种金属，当它两端温度不同时，两端的自由电子浓度也不同。温度高的一端浓度大，具有较大的动能；温度低的一端浓度小，动能也小。因此，由高温端（T）向低温端（T_0）扩散的净自由电子数目多，高温端失去电子而带正电，低温端得到电子而带负电，金属导体两端形成电场，阻止自由电子的扩散，如图 3-27 所示。与接触电势相同，自由电子的扩散最终在金属两端要达到动态平衡，从而在两端形成温差电势，又称汤姆森电势。

综上所述，两种不同金属组成的闭合回路中产生的热电势应等于接触电势和温差电势的代数和。

① 金属 A 和金属 B 的两个接点在温度为 T、T_0 时，产生的接触电势为 $E_{AB}(T, T_0)$，即：

$$E_{AB}(T, T_0)=E_{AB}(T)-E_{AB}(T_0) \qquad (3-37)$$

式中，角码 A、B 的顺序代表电势差的方向。当角码顺序变更时，$E_{AB}(T, T_0)$ 的正负号也需要变更。

② 金属 A 两端温度为 T、T_0 时，形成的温差电势为 $E_A(T, T_0)$。

③ 金属 B 两端温度为 T、T_0 时，形成的温差电势为 $E_B(T, T_0)$。

因此，整个闭合回路总的热电势 $E_{AB}(T, T_0)$ 为：

$$E_{AB}(T, T_0)=[E_{AB}(T)-E_{AB}(T_0)]+[E_B(T, T_0)-E_A(T, T_0)] \tag{3-38}$$

应该指出，在金属中自由电子数目很多，以致温度不能显著地改变它的自由电子浓度，所以在同一种金属内的温差电势极小，可以忽略。因此，在一个热电偶回路中起决定作用的是两个接点处产生的与材料性质和该点所处温度有关的接触电势，故式（3-38）可简化为：

$$E_{AB}(T,T_0) = E_{AB}(T) - E_{AB}(T_0) = \frac{KT}{e}\ln\frac{n_A}{n_B} - \frac{KT_0}{e}\ln\frac{n_A}{n_B} = \frac{K}{e}(T-T_0)\ln\frac{n_A}{n_B} \tag{3-39}$$

从式（3-39）中可以看出，回路的总热电势随 T 和 T_0 变化，即总热电势为（$T-T_0$）的函数。在实际使用中很不方便，为此，在标定热电偶时，使 T_0 为常数，则有：

$$E_{AB}(T, T_0)=K_c(T-T_0) \tag{3-40}$$

式中，K_c 为变系数，与电子密度有关，随温度而变化。可见，当热电偶回路的冷端温度保持不变时，则热电偶回路的总热电势 $E_{AB}(T, T_0)$ 只随热端的温度变化，即回路中的总热电势仅为 T 的函数，这给工程中使用热电偶测量温度带来极大的方便。对于不同的热电偶，温度与热电势之间有着不同的函数关系，一般用实验确定这种关系，并将所测得的结果绘成曲线，或列成表格（称为热电偶分度表），供使用时查阅。

（2）热电偶基本定律

① 只有化学成分不同的两种金属材料组成热电偶，且两端点间的温度不同时，热电势才会产生。热电势的大小与材料的性质及其两端点的温度有关，而与形状、大小无关。

② 化学成分相同的材料组成热电偶，即使两个接点的温度不同，回路的总热电势也等于零。应用这一定律可以判断两种金属是否相同。

③ 化学成分不同的两种材料组成热电偶，若两个接点的温度相同，回路中的总热电势也等于零。

④ 在热电偶中插入第三种材料，只要插入材料两端点的温度相同，对热电偶的总热电势没有影响。

这一定律对工程实际具有特别重要的意义，因为利用热电偶来测量温度时，必须在热电偶回路中接入电气测量仪表，也就相当于接入第三种材料，如图 3-28 所示。

【例题】A、B 两种不同材料组成热电偶测量温度时，在热电偶回路中以图 3-28 两种方式接入第三种材料 C，试利用基本定律证明热电偶回路总的热电势 $E=E_{AB}(T)-E_{AB}(T_0)$。

证明：图 3-28（a）是将热电偶的一个接点分开，接入第三种材料 C。设接点 2 和接点 3 的温度相同（T_0），这时热电偶回路总的热电势为：

$$E=E_{AB}(T)+E_{BC}(T_0)+E_{CA}(T_0) \tag{3-41}$$

由前面介绍可知，如果热电偶回路各接点温度相同，回路中总的热电势为零。所以，当接点 1、2 和 3 的温度都为 T_0 时，有：

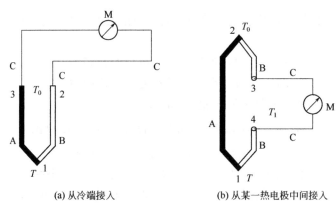

(a) 从冷端接入　　　　　　　(b) 从某一热电极中间接入

图 3-28　热电偶回路中加入第三种材料

$$E=E_{AB}(T_0)+E_{BC}(T_0)+E_{CA}(T_0)=0$$

经变换后得：

$$E_{BC}(T_0)+E_{CA}(T_0)=-E_{AB}(T_0)$$

将该式代入式（3-41）中得：

$$E=E_{AB}(T)-E_{AB}(T_0)$$

如果按照图 3-28（b）的方式接入第三种材料，则回路总热电势为：

$$E=E_{AB}(T)+E_{BC}(T_1)+E_{CB}(T_1)+E_{BA}(T_0) \tag{3-42}$$

因为 $E_{BC}(T_1)=-E_{CB}(T_1)$，将其代入式（3-42）得：

$$E=E_{AB}(T)+E_{BA}(T_0)=E_{AB}(T)-E_{AB}(T_0)$$

证毕。

可见，热电偶回路中的热电势，绝不会因为在其电路中接入第三种两端点温度相同的材料而有所改变。热电偶的这一特性，不但可以允许在其回路中接入电气测量仪表，而且也允许采用焊接方法来焊接热电偶。但是，如果接入第三种材料的两端温度不等，热电偶回路的总热电势将会发生变化。

⑤ 如果两种导体分别与第三种导体组成的热电偶所产生的热电势已知，则此两种导体组成热电偶的热电势也已知，见图 3-29。

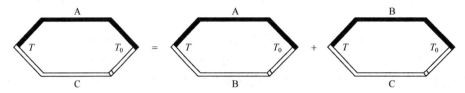

图 3-29　热电偶的中间导体定律

图 3-29 中，AC、AB 和 BC 三个热电偶，其接点温度一端都为 T，另一端为 T_0，则有：

$$E_{AC}(T, T_0)=E_{AC}(T)-E_{AC}(T_0), \quad E_{AB}(T, T_0)=E_{AB}(T)-E_{AB}(T_0)$$

两式相减得：

$$E_{AC}(T, T_0)-E_{AB}(T, T_0)=[E_{AC}(T)-E_{AB}(T)]-[E_{AC}(T_0)-E_{AB}(T_0)]$$

根据热电偶基本定律④可知:

$$E_{AC}(T)-E_{AB}(T)=E_{BC}(T)$$

$$E_{AC}(T_0)-E_{AB}(T_0)=E_{BC}(T_0)$$

因此:

$$E_{AC}(T, T_0)-E_{AB}(T, T_0)=E_{BC}(T)-E_{BC}(T_0)=E_{BC}(T, T_0) \tag{3-43}$$

可见,当任一电极 B、C、D……与一标准电极 A 组成热电偶所产生的热电势为已知时,就可以利用式(3-43)求出这些热电极组成的热电偶的热电势,通常采用铂电极作为标准电极。

（3）热电偶实用测量电路

① 单点温度的测量线路　如图 3-30 所示,A、B 为热电偶,C、D 为补偿导线,冷端温度为 T_0,E 为铜导线(实际使用时,可把补偿导线延伸到配用仪表的接线端子,这时冷端温度即为仪表接线端子所处的环境温度),M 为毫伏表或数字仪表。此时回路中总热电势为 $E_{AB}(T, T_0)$,流过毫伏表的电流为:

$$I=E_{AB}(T, T_0)/(R_Z+R_C+R_M) \tag{3-44}$$

式中,R_Z、R_C、R_M 分别为热电偶、导线(包括铜线、补偿导线、平衡电阻)和仪表的内阻(包含负载电阻 R_L)。

② 测量两点之间温差的测温线路　图 3-31 是测量两个温度 T_1 和 T_2 之差的一种连接方式。用两只同型号的热电偶,配用相同的补偿导线 C 和 D,这时可测得 T_1 和 T_2 的温差。回路的总电势为:

$$E_r = E_{AB}(T_1) + E_{BA}(T_2) = E_{AB}(T_1) - E_{AB}(T_2) \tag{3-45}$$

如果连接导线用普通铜导线,必须保证两热电偶的冷端温度相等,否则测量的结果不准确。

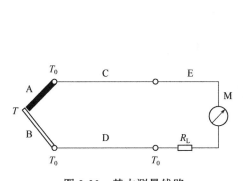

图 3-30　基本测量线路

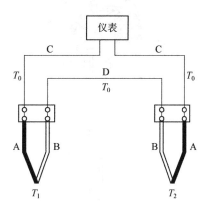

图 3-31　测量温差的线路

③ 测量几点温度之和的测温线路　利用同类型的热电偶串联,可以测量几点温度之和,也可以测量几点的平均温度。图 3-32 是几个热电偶的串联线路图。这种线路可以避免并联线路的缺点。当有一只热电偶烧断时,总的热电势会消失,这样就可以立即发现有热电偶烧断;同时由于总热电势为各热电偶热电势之和,故可以测量微小的温度变化,图中 C、D 为补偿导线,回路的热电势为:

$$E_T = E_{AB}(T_1) - E_{AB}(T_0) + E_{AB}(T_2) - E_{AB}(T_0) + E_{AB}(T_3) - E_{AB}(T_0)$$
$$= E_{AB}(T_1, T_0) + E_{AB}(T_2, T_0) + E_{AB}(T_3, T_0) \tag{3-46}$$

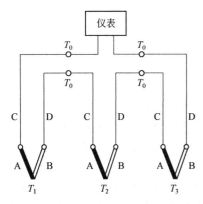

图 3-32　求温度和的热电偶串联线路

即回路的总热电势为各热电偶的热电势之和。

辐射高温计中的热电势就是根据这个原理将几个同类型的热电偶串接在一起。

3.4.2　金属热电阻

金属热电阻作为一种感温材料，是利用其电阻随温度而变化的特性对温度进行测量的。大多数金属导体的电阻，都具有随温度变化的特性，其特性方程式如下：

$$R_i = R_0[1 + \alpha(t - t_0)] \qquad (3-47)$$

式中，R_i、R_0 分别为热电阻在 i℃和 0℃时的电阻值，Ω；α 为热电阻的电阻温度系数，1/℃。

对于绝大多数金属导体，α 并不是一个常数，而是温度的函数，但在一定的温度范围内，α 可近似地看作一个常数。不同的金属导体，α 保持常数所对应的温度范围不同。

因此，要求热电阻材料必须具备以下特点：电阻温度系数要尽可能大、稳定；电阻率高；电阻与温度之间呈线性关系，并且在较宽的测量范围内具有稳定的物理和化学性质。目前应用得较多的热电阻材料有铂、铜和镍等。

热电阻由电阻体、保护套、接线盒、内引线等部件组成。其结构和实物图如图 3-33 所示，可根据实际需要制作成多种形状，通常是将双线电阻丝绕在用石英、云母陶瓷和塑料等材料制成的骨架上，其测温范围大部分在 -200～500℃。

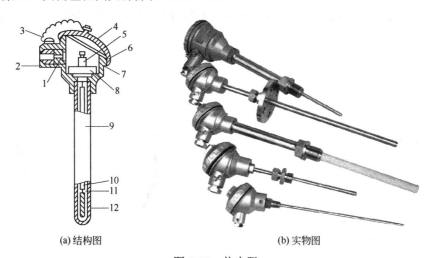

(a) 结构图　　　　　　　　　　　　　　　(b) 实物图

图 3-33　热电阻

1—出线密封圈；2—出线螺母；3—小链；4—盖；5—接线柱；6—密封圈；7—接线盒；
8—接线座；9—保护管；10—绝缘管；11—引出线；12—感温元件

常用的热电阻有以下几种。

① 铂电阻　由于铂电阻物理、化学性能在高温和氧化性介质中很稳定，它可用作工业测温元件和作为温度标准。

② 铜电阻　在测量精度不高、测温范围不大的情况下，可以采用铜电阻来代替铂电阻，用以降低成本，同时也能达到精度要求。工业用铜电阻一般在 -50～150℃ 的温度范围内使用，

此时电阻与温度近似呈线性关系。铜电阻的缺点是电阻率低、热惯性大，在 100℃以上易氧化，因此只能用于低温以及无侵蚀性的介质中。

③ 镍电阻　镍电阻的温度系数较大，约为铂电阻的 1.5 倍，故用纯镍制成的镍电阻比铂和铜电阻更灵敏、体积更小、电阻率更大；其缺点是误差比较大、非线性严重、不易提纯。正因为纯镍的提炼有困难，至今没有国际上公认的阻值与温度的分度表，使用起来很不方便。镍电阻的测温范围为−50～150℃。

3.4.3　热敏电阻

热敏电阻是用半导体材料制作的热电元件，其温度系数远远大于热电阻，一般是金属导体热电阻的 4～9 倍。热敏电阻的温度系数有正有负，这是半导体热敏电阻与金属导体热电阻的另一个区别。热敏电阻的电阻率大，适合于点温度、表面温度和快速变化的温度测量。热敏电阻的最大缺点是线性度较差，元件的稳定性及互换性差，一般不能用于 350℃以上的高温检测。

（1）热敏电阻的结构形式

热敏电阻由一些金属氧化物，如钴、锰、镍的氧化物，或它们的碳酸盐、硝酸盐和氯化物等做原料，采用不同比例的配方，经烧结而成。将烧结好的半导体热敏电阻采用不同的封装形式，制成珠状、片状、杆状、垫圈状等各种形状，如图 3-34 所示。片状的厚度为 1～3mm，圆形的直径为 3～10mm，柱状的外径为 1～3mm。热敏电阻主要由热敏元件、引线和壳体组成，见图 3-35。

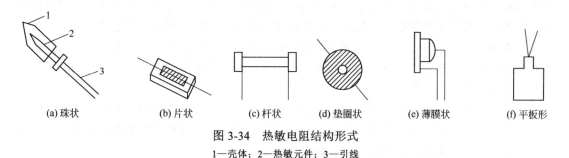

(a) 珠状　　　　(b) 片状　　　　(c) 杆状　　　(d) 垫圈状　　　(e) 薄膜状　　　(f) 平板形

图 3-34　热敏电阻结构形式

1—壳体；2—热敏元件；3—引线

图 3-35　热敏电阻实物图

（2）热敏电阻的类型

热敏电阻主要有三种类型，即正温度系数型（PTC）、负温度系数型（NTC）和临界温度系数型（CTR）。

① 正温度系数型热敏电阻　它是由在 $BaTiO_3$ 和 $SrTiO_3$ 为主的成分中加入少量 Y_2O_3 和

Mn_2O_3 构成的烧结体。PTC 热敏电阻又分为突变型和缓变型。突变型（开关型）正温度系数热敏电阻在居里点附近阻值发生突变，有斜率最大的区段。通过成分配比和添加剂的改变，可使其斜率最大的区段处在不同的温度范围内。例如加入适量铅，其居里温度升高，若将铅换成锶，其居里温度下降。$BaTiO_3$ 的居里点为 120℃，因此习惯上将 120℃以上的称为高温PTC，反之称为低温 PTC。

突变型 PTC 热敏电阻的温度范围较窄，一般用于恒温控制或温度开关；缓变型 PTC 热敏电阻可用于温度补偿或简单的、没有精度要求的温度测量。

② 负温度系数型热敏电阻　负温度系数型热敏电阻研究得最早，生产技术最成熟，是应用最广泛的热敏电阻之一。它通常是一种氧化物的复合烧结体，主要由 Mn、Co、Ni、Fe 等金属的氧化物烧结而成。通过不同材质组合，能得到不同的电阻值 R 及不同的温度特性，特别适合于-100~300℃之间的温度测量。

③ 临界温度系数型热敏电阻　如果用 V、Ge、W、P 等的氧化物在弱还原气氛中形成半玻璃状烧结体，还可以制成临界温度系数型热敏电阻。它是负温度系数型，但在某个温度范围内阻值急剧下降，曲线斜率在此区段特别陡峭，灵敏度极高，此特性可用于自动控温和报警电路中。

3.4.4　热电式传感器的应用

热电式传感器是将温度变化转换为电量变化的装置，而温度是一个基本的物理量，它在许多领域具有重要的作用，热力学、流体力学、传热学、空气动力学、化学及物理等学科中所研究的基本规律都与温度密切相关，在国民经济的各个领域，例如交通运输、汽车工业、工业测量与控制、防灾安全技术等方面都需要把温度作为设计或控制的重要参数，因此热电式传感器具有广泛的应用，以下为几种热电式传感器的应用实例。

（1）热敏电阻液位传感器

当热敏电阻浸渍在液体中时，由于电阻对液体放热，自行发热受阻，电阻值较高，电流较小，故指示灯不亮；随着液体减少，热敏电阻露出液面后，发热导致温度急剧上升，电阻值大幅度减小，电流增大，指示灯亮，如图 3-36 所示。

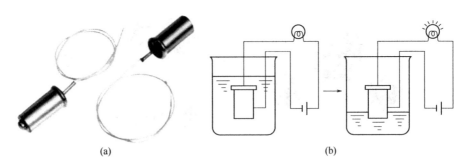

　　　　　　(a)　　　　　　　　　　　　　　　　　(b)

图 3-36　热敏电阻液位传感器实物图（a）及工作原理图（b）

（2）CPU 温度检测

计算机在使用的过程中，当 CPU 工作繁忙的时候，温度往往会升高，若不加以处理，会造成 CPU 烧毁。因此在 CPU 插槽中，用热敏电阻测温，然后通过相关电路进行处理，实施保护，如图 3-37 所示。

图 3-37　热敏电阻应用于 CPU 温度检测

3.5　压电式传感器

压电式传感器是根据压电效应制作的传感器，可以实现压力、加速度、扭矩等物理量的测量。压电传感器是一种典型的有源传感器，又称自发电式传感器，适用于动态变化的物理量检测，其优点是灵敏度高、信噪比高、结构简单等。压电式传感器广泛用于工程力学、生物医学、电声学等领域。

3.5.1　压电效应和压电材料

（1）压电效应

当沿物质的某一方向施加压力或拉力时，该物质将产生变形，使其两个表面产生符号相反的电荷，当去掉外力后，它又重新回到不带电状态，这种现象被称为压电效应，也称为顺压电效应；反之，在某些物质的极化方向上施加电场，它会产生机械变形，当去掉外加电场后，变形也随之消失，把这种现象称为电致伸缩效应，也称逆压电效应。具有压电效应的物质称为压电材料或压电晶体。在自然界中，大多数晶体都具有压电效应，但很多晶体的压电效应十分微弱。随着对压电材料的深入研究，发现石英晶体、钛酸钡、锆钛酸铅等人造压电陶瓷是性能优良的压电材料。

压电效应分三种类型：纵向压电效应、横向压电效应和切向压电效应，如图 3-38 所示。图 3-38（a）为纵向压电效应，电荷 Q 与作用力 F 成正比，与石英元件尺寸无关；图 3-38（b）为横向压电效应，电荷与作用力和石英元件尺寸均有关；图 3-38（c）为切向压电效应，电荷 Q 与剪切力 F 成正比。

（2）压电材料类型

压电材料可分为压电单晶材料、压电多晶材料（压电陶瓷）和高分子压电材料。它们都具有较好的压电特性：压电常数大、力学性能优良、时间稳定性好、温度稳定性好等优点，是较理想的压电材料。

① 压电单晶体　石英晶体是一种压电单晶体，有天然石英和人造石英之分，前者经历亿万年老化，性能更稳定。石英的化学成分为 SiO_2，压电系数 $d_{11}=2.31\times10^{-12}$（C/N）。在几百

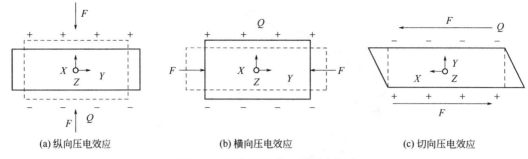

| (a) 纵向压电效应 | (b) 横向压电效应 | (c) 切向压电效应 |

图 3-38　压电晶体的三种压电效应

摄氏度的温度范围内，压电系数稳定不变，固有频率 f_0 十分稳定，能承受 $7 \sim 10\text{MPa}$ 的压强，是理想的压电材料。

② 压电陶瓷　如图 3-39 所示，压电陶瓷是人造多晶系压电材料，可分为二元系压电陶瓷和三元系压电陶瓷。常用的压电陶瓷有钛酸钡、锆钛酸铅、铌酸盐系压电陶瓷。它们的压电常数比石英晶体高，如钛酸钡压电系数 $d_{33}=190\times10^{-12}$（C/N），是石英晶体的几十倍。压电陶瓷的品种多，性能各异，可根据它们自身的特点制作各种压电传感器，这是一种很有发展前途的压电材料。压电陶瓷的缺点是介电常数、力学性能不如石英好。

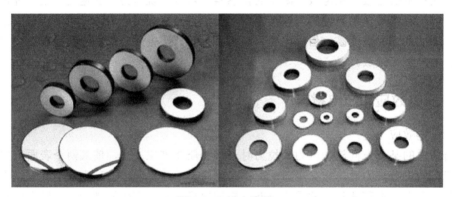

图 3-39　压电陶瓷

③ 高分子压电材料　某些高分子聚合物薄膜经拉伸延展和电场极化处理后具有压电性，这类薄膜称作高分子压电薄膜。常用的高分子压电薄膜有：PVF_2（聚二氟乙烯）、PVF（聚氟乙烯）、PVC（聚氯乙烯）等。高分子压电材料与无机材料比较，单位应力所产生的电压大，灵敏度高。另外，高分子材料的声阻抗远小于无机材料，是做水声传感器和生物医用传感器很好的材料。

选用压电材料需考虑以下几方面。

① 转换性能　具有较大的压电常数；

② 机械性能　压电元件作为受力件，希望它的强度高、刚度大，以期望获得宽的线性范围和高的固有振动频率；

③ 电性能　希望具有高的电阻率和大的介电常数，以期望减弱外部分布电容的影响，获得良好的低频特性；

④ 温度和湿度稳定性要好　具有较高的居里点，以期望得到宽的工作温度范围；

⑤ 时间稳定性　压电特性不随时间蜕变。

3.5.2　石英晶体的压电特性

石英晶体是单晶结构，其形状为六角形晶柱，见图 3-40。石英晶体在各个方向的特性并不相同，z 轴为晶体的光轴，是与六个平面平行的方向，沿 z 轴方向施加作用力不产生压电效应，光线通过 z 轴时不发生折射。x 轴为电轴，它垂直于光轴 z，x 轴平行于相邻棱柱面内夹角的等分线，沿 x 轴施加作用力时产生的压电效应最强，此时的压电效应称为纵向压电效应。y 轴为机械轴，垂直于 z 轴和 x 轴组成的平面，在电场作用下，沿 y 轴方向产生的机械变形最明显，沿 y 轴施加作用力时产生的压电效应称为横向压电效应。

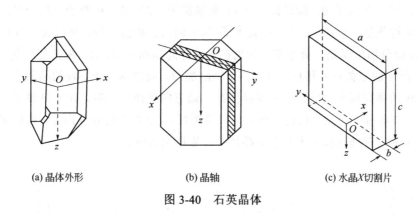

(a) 晶体外形　　　　　　　(b) 晶轴　　　　　　　(c) 水晶X切割片

图 3-40　石英晶体

若从图 3-40（b）石英晶体上沿 y 方向切下一块如图 3-40（c）所示的晶体片，当在电轴方向 x 上施加作用力 F_x 时，在与电轴（x）垂直的平面上将产生电荷 q_x，其大小为：

$$q_x = d_{11} F_x \tag{3-48}$$

式中　d_{11}——x 轴方向受力的压电系数。

若在同一切片上，沿机械轴 y 方向施加作用力 F_y，则仍在与 x 轴垂直的平面上产生电荷，其大小为：

$$q_y = d_{12} \frac{a}{b} F_y = -d_{11} \frac{a}{b} F_y \tag{3-49}$$

式中　d_{12}——y 轴方向的压电系数；

　　　a——晶体片的长度；

　　　b——晶体片的厚度。

因为石英晶体轴对称，所以 $d_{12} = -d_{11}$。电荷 q_x 和 q_y 的符号由作用力方向决定。q_x 与晶体几何尺寸无关，而 q_y 则与晶体几何尺寸有关。

为了解石英压电效应及其各向异性的原因，将一个晶体单元中的硅离子和氧离子在 xy 平面上的投影，等效为图 3-41（a）中的正六边形排列。

当石英晶体未受外力作用时，带有 4 个正电荷的 Si^{4+} 和带有 4 个负电荷的 $2O^{2-}$ 正好分布在正六边形的顶角上，形成三个大小相等、互成 120°夹角的电偶极矩，如图 3-41（a）所示。电偶极矩定义为电荷 q 与正负电荷间距 l 的乘积 $P = ql$，电偶极矩方向从负电荷指向正电荷。此时，正、负电荷中心重合，电偶极矩矢量和等于零，电荷平衡，所以晶体表面不产生电荷，呈电中性。

石英晶体受到沿 x 轴方向的压力作用时，将产生压缩变形，正负离子的相对位置随之变动，正负电荷中心不再重合，如图 3-41（b）所示。硅离子（1）被挤入氧离子（2）和氧离子（6）之间，氧离子（4）被挤入硅离子（3）和硅离子（5）之间，电偶极矩在 x 轴方向的分量的方向朝下，结果表面 A 上呈正电荷，B 面呈负电荷；如果在 x 轴方向施加拉力，电偶极矩在 x 轴方向的分量的方向朝上，A、B 面上电荷符号将与图 3-41（b）所示的电荷符号相反。这种沿 x 轴施加力，而在垂直于 x 轴晶面上产生电荷的现象，即为前面所说的纵向压电效应。

当石英晶体受到沿 y 轴方向的压力作用时，晶体产生如图 3-41（c）所示的变形。电偶极矩在 x 轴方向的分量大于 0，即硅离子（3）和氧离子（2）以及硅离子（5）和氧离子（6）都向内移动同样数值；硅离子（1）和氧离子（4）向 A、B 面扩伸，所以 C、D 面上不带电荷，而 A、B 面分别出现正、负电荷。如果在 y 轴方向施加拉力，A、B 表面上电荷符号将与图 3-41（c）所示的电荷符号相反。这种沿 y 轴施加力，而在垂直于 x 轴的晶面上产生电荷的现象即为前述的横向压电效应。当石英晶体在 z 轴方向受作用力时，由于硅离子和氧离子对称平移，正、负电荷电心始终保持重合，电偶极矩在 x、y 方向的分量为零，所以表面无电荷出现，故沿光轴方向施加作用力时石英晶体不产生压电效应。

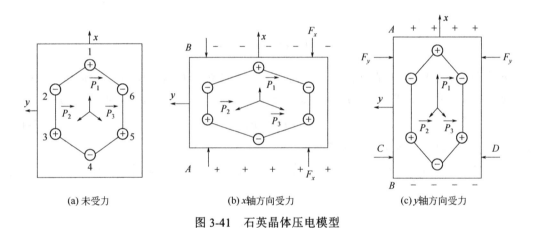

(a) 未受力   (b) x 轴方向受力   (c) y 轴方向受力

图 3-41　石英晶体压电模型

图 3-42 为晶体在 x 轴和 y 轴方向受力产生电荷的情况。

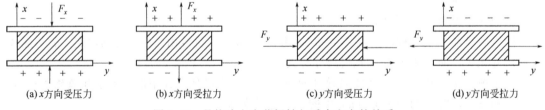

(a) x 方向受压力   (b) x 方向受拉力   (c) y 方向受压力   (d) y 方向受拉力

图 3-42　晶体片上电荷极性与受力方向的关系

当压电晶体片受力时，在晶体片的两个表面上聚集等量的正、负电荷，晶体片两表面相当于电容的两个极板，两极板间的物质等效于介质，因此压电片相当于一只平行板电容器。

3.5.3 压电元件的常用结构

由于单片压电元件工作时产生的电荷量很少，测量时要产生足够的表面电荷就要很大的作用力。因此，在压电元件的实际应用中，为了提高灵敏度，一般将两片或两片以上同型号的压电元件组合在一起使用。从受力角度分析，元件是串接的，每片压电元件受到的作用力相同，产生的变形和电荷数量大小都与单片时相同。

压电元件是有极性的，其连接方式有两种：并联和串联，如图 3-43 所示。压电元件的结构如图 3-44 所示。

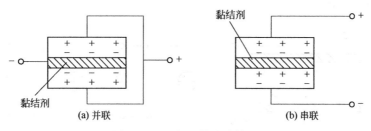

图 3-43　压电元件的连接方式

（1）并联

并联方式如图 3-43（a）所示，两压电元件的负极共同连接在中间电极上，正极在上下两边并连接在一起，类似于两个电容的并联。外力作用下正负电极上的电荷量增加了一倍，电容量也增加了一倍，输出电压与单片时相同。即：

$$q' = 2q, \quad C' = 2C, \quad U' = U \tag{3-50}$$

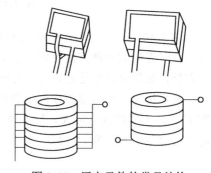

图 3-44　压电元件的常见结构

此时，传感器的电容量大，输出电荷量大，时间常数也大。常用于测量缓慢变化的信号，也适用于以电荷作为输出的场合。

（2）串联

图 3-43（b）中串联方式是将一个元件的正极与另一元件的负极相连接，正电荷集中在上极板，负电荷集中在下极板，两压电片中间黏结处所产生的正负电荷相互抵消。上、下极板的电荷量与单片时相同，总电容量减为单片时的一半，输出电压增加了一倍，即：

$$q' = q, \quad C' = C/2, \quad U' = 2U \tag{3-51}$$

此时，传感器本身电容小，输出电压大，适用于以电压作为输出信号的场合，并要求测量电路有较高的输入阻抗。

3.5.4 压电式传感器的等效电路

压电式传感器对非电量的测量是通过其压电元件产生的电荷量的大小来反映的。压电元件受外力作用时，在两个电极表面就会聚集电荷，且电荷量大小相等，极性相反，如图 3-45（a），它相当于一个电荷源。而压电元件电极表面聚集电荷时，它又相当于一个以压电材料为电介质的电容器。其电容量为：

$$C_a = \frac{\varepsilon}{h} = \frac{\varepsilon_r \varepsilon_0 A}{h} \qquad (3\text{-}52)$$

式中　A——压电元件电极面的面积，m^2；

　　　h——压电元件的厚度，m；

　　　ε_r——压电材料的相对介电常数，F/m；

　　　ε_0——真空的介电常数，F/m。

故压电式传感器还可以等效为电压源与电容串联组成的电压源等效电路，其等效电路如图 3-45（b）、（c）所示。

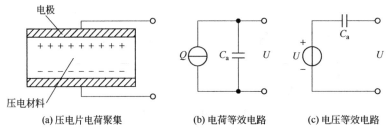

(a) 压电片电荷聚集　　　　(b) 电荷等效电路　　　　(c) 电压等效电路

图 3-45　压电式传感器的等效电路

图 3-45（b）、（c）的等效电路是在压电式传感器的外电路负载无穷大，且内部无漏电，即空载时得到的两种简化模型。理想情况下，压电传感器所产生的电荷及其形成的电压能长期保持，如果负载不是无穷大，则电路将以一定的时间常数按指数规律放电。

利用压电式传感器进行实际测量时，由于压电元件与测量电路相连接，必须考虑电缆电容 C_c、放大器输入电阻 R_i、输入电容 C_i 以及传感器的泄漏电阻 R_a 等因素，从而可以得到压电式传感器的完整等效电路，如图 3-46 所示。

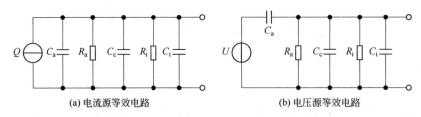

(a) 电流源等效电路　　　　　　　　　　(b) 电压源等效电路

图 3-46　压电式传感器的完整等效电路

3.5.5　压电式传感器的应用

利用压电式传感器，能测量各种各样的动态力，甚至准静态力。它不但可以测单向力，还可以对空间多个方向的力同时进行测量。利用压电式传感器能对内燃机的汽缸、油管、进（排）气管的压力、枪炮的膛压、发动机燃烧室等压力进行测量；利用压电元件的压电效应制成超声波振荡器，装配成带有超声波探头的超声波传感器，可在几十千赫到几千兆赫的范围内进行无损探伤和超声波医疗诊断；利用压电效应开发的，由石英晶体谐振器构成的振动梁式差压传感器，通过测量石英晶体的谐振频率，可以达到测量压力的目的。利用压电元件测量力和加速度的例子如下。

（1）压电式测力传感器

压电元件本身就是力敏感元件，测力传感器主要利用压电元件纵向压电效应的厚度变形实现力-电转换，结构上大多是将两片晶片机械串联。

图 3-47 是单向压电式测力传感器结构图，由石英晶片、盖板、绝缘套、基座等部分组成，主要用于机床动态切削力的测量。盖板为传力元件，当外力作用时，它产生弹性形变，将力传递到压电元件上。压电元件采用 XY 切型石英晶体，利用其纵向压电效应，通过 d_{11} 实现力-电荷的转换。绝缘套大多由聚四氟乙烯材料做成，起绝缘和定位作用。基座内外底面对其中心线的垂直度、盖板及晶片上下表面的平行度与粗糙度都有严格的要求。为了提高绝缘阻抗，传感器装配前要经过多次净化，然后在超净环境下进行装配，加盖后再用电子束封焊。

这种结构的单向测力传感器体积小、质量轻（仅 10g 左右）、固有频率高（50~60kHz），最大可测 5000N 的动态力，分辨率可达 0.001N，且非线性误差小。

（2）压电式加速度传感器

图 3-48 是一种压电式加速度传感器的结构图。它主要由压电元件、质量块、预压弹簧、基座及外壳等组成。整个部件装在外壳内，并由螺栓加以固定。质量块一般由体积质量较大的材料（如钨或重合金）制成。预压弹簧的作用是对质量块加载，产生预压力，以保证在作用力变化时，晶片始终受到压缩。整个组件都装在基座上。为了防止被测件的任何应变传到压电晶片上而产生假信号，基座一般要求做得较厚，基座与被测物体刚性固定在一起。

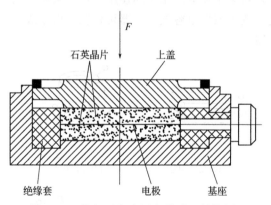

图 3-47 单向压电式测力传感器结构图

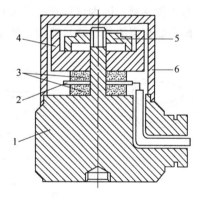

图 3-48 压电式加速度传感器结构图

1—基座；2—引出电极；3—压电晶片；
4—质量块；5—预压弹簧；6—外壳

当加速度传感器和被测物一起受到冲击振动时，压电元件受质量块惯性力的作用，就会使压电元件的两个表面上产生交变电压或电荷。当振动频率远低于传感器的固有频率时，传感器输出的电压或电荷与作用力成正比，从而可得知被测物体的加速度。

3.6 电容式传感器

电容式传感器是将物理量的变化转换为电容变化的一种传感器。电容式传感器结构简单、灵敏度高、动态响应快，可以实现非接触测量，在位移、振动、压力、液位测量等方面得到了广泛的应用，缺点是输出有非线性和外界干扰影响严重。

3.6.1 基本工作原理和类型

电容式传感器可等效为一个参数可变的平行板电容器，如图 3-49 所示。由物理学可知，两个平行金属极板组成的电容器，如果不考虑其边缘效应，其电容为：

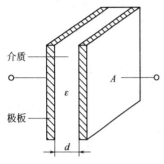

图 3-49 平行板电容器

$$C = \frac{\varepsilon A}{d} = \frac{\varepsilon_r \varepsilon_0 A}{d} \qquad (3-53)$$

式中　ε——两个极板间介质的介电常数，F/m；

ε_r——介质的相对介电常数，对于真空，$\varepsilon_r =1$；

ε_0——真空介电常数，8.854×10^{-12}F/m；

A——两个极板相对有效面积，m^2；

d——两个极板间的距离，m。

由式（3-53）可知，改变 d、A 和 ε 均可使电容量 C 发生变化，如果固定其中两个参数，而让被测量带动另外一个参数变化，则可把被测量的变化转换为电容的变化。

根据上述原理，电容式传感器可以分为变间隙型（改变 d）、变面积型（改变 A）和变介质型（改变 ε_r）三大类。图 3-50 所示为常用电容式传感器的结构形式，（a）、（b）为变间隙型，（c）、（d）、（e）、（f）为变面积型，（g）、（h）为变介质型。在实际使用中，多采用变间隙型电容式传感器，因为这样获得的灵敏度较高。变间隙型电容式传感器可以测量微米级的位移，而变面积型的传感器只能测量厘米级的位移。

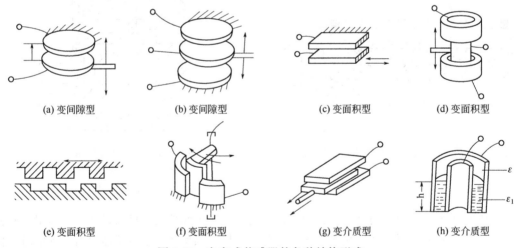

(a) 变间隙型　　　(b) 变间隙型　　　(c) 变面积型　　　(d) 变面积型

(e) 变面积型　　　(f) 变面积型　　　(g) 变介质型　　　(h) 变介质型

图 3-50　电容式传感器的各种结构形式

3.6.2 变间隙型电容式传感器

变间隙型电容式传感器是将被测参数转化为极板间距 d 的变化，从而使电容量发生变化。这种传感器可以测量微小位移的范围为 0.01μm～0.1mm。由式（3-53）可知，电容量 C 与极板间距 d 不是线性关系，而是如图 3-51 的双曲线关系。

若式（3-53）中参数 A、ε 不变，位移 d 是因测量变化而引起变化的，假设电容极板间的距离由初始值 d_0 减小了 Δd，则极板距离变化前后的电容 C_0 和 C_1 分别表示为：

$$C_0 = \frac{\varepsilon A}{d_0} \tag{3-54}$$

$$C_1 = \frac{\varepsilon A}{d_0 - \Delta d} = \frac{\varepsilon A}{d_0(1 - \Delta d / d_0)} = \frac{\varepsilon A(1 + \Delta d / d_0)}{d_0(1 - \Delta d^2 / d_0^2)} \tag{3-55}$$

当 $\Delta d \ll d_0$ 时，$1 - \Delta d^2 / d_0^2 \approx 1$，式（3-55）可以简化为：

$$C_1 = \frac{\varepsilon A(1 + \Delta d / d_0)}{d_0} = C_0 + C_0 \frac{\Delta d}{d_0} \tag{3-56}$$

可见，C_1 与 Δd 近似呈线性关系，Δd 越小，线性关系越好，因此：

$$C_1 - C_0 = \Delta C = C_0 \Delta d / d_0 \tag{3-57}$$

灵敏度 $K_C = \Delta C / C_0 = \Delta d / d_0$，可见，电容传感器的灵敏系数 K_C 与间隙 d_0 有关，当 d_0 较小时，电容变化量 ΔC 较大，从而使传感器的灵敏度提高。但 d_0 过小时，容易引起电容器击穿。一般可以在极板间放置云母片来改善，如图 3-52 所示。

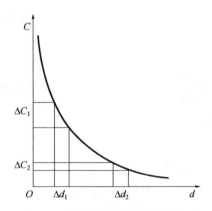

图 3-51　电容量与极板间距的关系

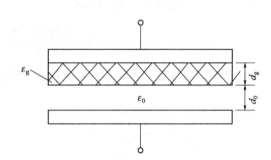

图 3-52　放置云母片的电容

此时，电容量 C 为：

$$C = \frac{A}{\dfrac{d_g}{\varepsilon_g \varepsilon_0} + \dfrac{d_0}{\varepsilon_0}} \tag{3-58}$$

式中　ε_g——云母的相对介电常数，$\varepsilon_g = 7$；

　　　ε_0——空气的介电常数，$\varepsilon_0 = 1$；

　　　d_g——云母片的厚度，m；

　　　d_0——空气隙厚度，m。

云母的介电常数为空气的 7 倍，击穿电压不小于 10^3 kV/mm，而空气的击穿电压仅为 3kV/mm。即使厚度为 0.01mm 的云母片，它的击穿电压也不小于 10kV。因此在极板间加入云母片，极板间的初始距离 d_0 可以大大减小。同时，式（3-58）分母中的 $d_g/(\varepsilon_g \varepsilon_0)$ 项是定值，它能使传感器输出特性的线性度得到改善，只要云母片厚度选取得当，就能获得较好的线性关系。一般电容式传感器的起始电容在 20～30pF 之间，极板距离在 25～200μm 的范围内，最大位移应该小于极板距离的 1/10。

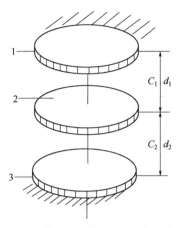

图 3-53　差动电容式传感器原理
1，3—定极板；2—动极板

在实际应用中，为了提高传感器的灵敏度和克服某些外界因素（例如电源电压、环境温度等）对测量的影响，常把传感器做成差动形式，其原理如图 3-53 所示。当动极板移动后，C_1 和 C_2 构成差动变化，即其中一个电容量增加，而另一个电容量相应减少，这样可以消除外界因素所造成的测量误差。

3.6.3　变面积型电容式传感器

变面积型电容式传感器是将被测参数转化为极板面积的变化，从而使电容量发生变化。这种传感器可以用来测量角位移和厘米数量级的位移。图 3-54 是一只角位移电容式传感器的原理图。当动极板移动 θ 角度时，与定极板的重合面积改变，从而改变了两极板间的电容量。当 $\theta = 0°$ 时：

$$C_0 = \frac{\varepsilon_1 A}{d} \tag{3-59}$$

式中，ε_1 为介电常数，当 $\theta \neq 0$ 时：

$$C_1 = \frac{\varepsilon_1 A(1 - \theta / \pi)}{d} = C_0 - C_0 \frac{\theta}{\pi} \tag{3-60}$$

可以看出，传感器电容量 C 与角位移 θ 成线性关系。

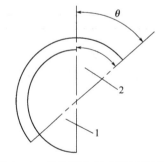

图 3-54　角位移电容式传感器原理
1—定极板；2—动极板

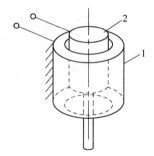

图 3-55　圆柱形电容式位移传感器
1—定极板；2—动极板

图 3-55 为圆柱形电容式位移传感器。在初始的位置（即 $d=0$ 时），动、定极板相互覆盖，此时电容：

$$C_0 = \frac{\varepsilon_1 l}{1.8 \ln(D_0 / D_1)} \tag{3-61}$$

式中，l、D_0 和 D_1 分别是动极板长度、直径和定极板直径，m。当动极板移动 a 后，有：

$$C = C_0 - C_0 \frac{a}{l} \tag{3-62}$$

即 C 与 a 呈线性关系。采用圆柱形电容器的原因，主要考虑到动极板稍作径向移动时不影响其输出特性。

3.6.4　变介质型电容式传感器

当电容极板之间的介电常数发生变化时，电容量也随之变化，根据这个原理可以构成变介质型电容式传感器。这种传感器可以测量湿度、密度。图 3-56 为一种改变工作介质的电容式传感器，当发生位移 a 时，其电容量为：

$$C = C_A + C_B \tag{3-63}$$

$$C_A = ba\frac{1}{\dfrac{d_2}{\varepsilon_2} + \dfrac{d_1}{\varepsilon_1}}, \quad C_B = b(l-a)\frac{1}{\dfrac{d_1+d_2}{\varepsilon_1}} \tag{3-64}$$

式中　b——极板宽度，m；

$\quad\quad l$——极板长度，m；

$\quad\quad d_1$——极板与介质间距离，m；

$\quad\quad d_2$——介质宽度，m；

ε_1、ε_2——空气和介质的介电常数。

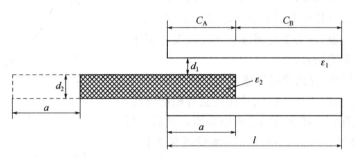

图 3-56　变介质型电容式传感器

设在电极中无介质时的电容量为 C_0，即 $C_0 = \varepsilon_1[bl/(d_1+d_2)]$。把 C_A、C_B 和 C_0 代入式（3-63）可得：

$$C = ba\frac{1}{\dfrac{d_2}{\varepsilon_2} + \dfrac{d_1}{\varepsilon_1}} + b(l-a)\frac{1}{\dfrac{d_1+d_2}{\varepsilon_1}} = C_0 + \frac{C_0}{l} \times \frac{(\varepsilon_2 - \varepsilon_1)d_2}{(\varepsilon_2 d_1 + \varepsilon_1 d_2)}a \tag{3-65}$$

式（3-65）表明，电容 C 与位移 a 成线性关系。

对于电容式传感器的三种类型，均可以分为线性位移和角位移两种，每一种又依据传感器的形状不同分为平板型和圆筒形两种类型。电容式传感器也还有其他的形状，但一般很少见。

一般来说，差动式电容传感器要比单片式的传感器好，具有灵敏度高、稳定性好等优点。绝大多数电容式传感器可制成一极多板的形式，几层重叠板组成的多片型电容式传感器电容量是单片电容器的 $n-1$ 倍。

3.6.5　电容式传感器的等效电路

电容式传感器的等效电路可以用图 3-57 中的电路表示，图中考虑了电容器的损耗和电感

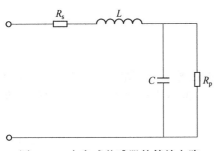

图 3-57　电容式传感器的等效电路

效应，R_p 为并联损耗电阻，它代表极板间的泄漏电阻和介电损耗。这些损耗在低频时影响较大，随着工作频率增高，容抗减小，损耗电阻的影响就减弱。R_s 代表串联损耗，即引线电阻、电容器支架和极板的电阻。电感 L 由电容器本身的电感和外部引线电感组成。

由图可知，等效电路有一个谐振频率，通常为几十兆赫。当工作频率等于或接近谐振频率时，谐振频率破坏了电容的正常工作状态。因此，应该选择低于谐振频率的工作频率，否则电容式传感器不能正常工作。

3.6.6　电容式传感器的应用实例

电容式温度传感器是属于变介质型电容式传感器，主要利用电容器中间介质的介电常数随温度变化而改变的原理进行测量。有一种以 $BaSrTiO_3$ 为主的陶瓷电容器，其介电常数 ε 在温度超过居里点之后，会随着温度的上升成反比地下降，如图 3-58 所示。若将这种电容器与电感组成谐振回路，则其谐振频率会有规律地随温度变化。用频率计测出其频率，经过换算可求得温度。

这种电容式温度传感器的分辨率较高，但这种陶瓷电容器电容量在高温、高湿下会随湿度变化而发生变化，因此不能用在潮湿的场合。

图 3-59 所示为电容式荷重传感器的结构示意图。它是在镍铬钼钢块上，加工出一排尺寸相同且等距的圆孔，在圆孔内壁上粘有带绝缘支架的平板电容器，然后将每个圆孔内的电容器并联。当钢块端面承受载荷 F 作用时，圆孔将产生变形，从而使每个电容器的极板间距变小，电容量增大。电容器容量的增值正比于被测载荷 F。

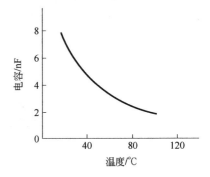

图 3-58　$BaSrTiO_3$ 陶瓷电容器的
电容量与温度的关系

这种传感器的主要优点是由于受接触面的影响小，测量精度较高。另外，电容器放于钢板的孔内也提高了抗干扰能力。它在表面状态检测以及自动检验和控制系统中得到了应用。

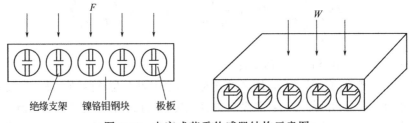

图 3-59　电容式荷重传感器结构示意图

3.7　光电式传感器

光电式传感器是一种能量转换型传感器，它将光能转换成电能，在受到可见光照射后即产生光电效应，将光信号转换成电信号输出。光电式传感器具有高精度、高分辨率、高可靠性、高抗干扰能力等优点，除了可以用来测量光信号外，还可间接测量温度、压力、速度、加速度等物理量，在各个工业领域均有广泛的应用。

光电式传感器有光电管、光电倍增管、光敏电阻、光电二极管和光电三极管、光电池、光电闸流晶体管等光电元件。

3.7.1 光电效应传感器

（1）光电效应

光电式传感器的物理基础就是光电效应，它是指物体吸收了光能后转换为该物体的某些电子的能量而产生的电效应。光电效应分为外光电效应和内光电效应两大类。

① 外光电效应　在光线的作用下，物体内的电子逸出物体表面向外发射的现象称为外光电效应，向外发射的电子叫光电子。

众所周知，光子是具有能量的粒子，每个光子具有的能量为：

$$E = h\nu \tag{3-66}$$

式中　h ——普朗克常数，其值为 6.626×10^{-34}J·s；

　　　ν ——光的频率，s^{-1}。

物体中的电子吸收了入射光子的能量，当足以克服逸出功 A_0 时，电子就逸出物体表面，产生光电子发射，此时光子能量 $h\nu$ 必须超过逸出功 A_0，超出的能量表现为光电子的动能。根据能量守恒定律：

$$h\nu = \frac{1}{2}mv_0^2 + A_0 \tag{3-67}$$

式中　m ——电子质量，g；

　　　v_0 ——电子逸出速度，m/s。

该方程称为爱因斯坦光电效应方程。

② 内光电效应　当光照射在物体上，使物体的电导率（$1/R$）发生变化，或产生光生电动势的效应叫内光电效应，内光电效应可分为光电导效应和光生伏特效应两类：在光线作用下，电子吸收光子能量从结合键状态过渡到自由状态，引起材料电导率的变化，这种现象称为光电导效应，光敏电阻就是基于光电导效应制作的光电器材；在光线作用下能够使物体产生一定方向的电动势的现象称光生伏特效应，基于光生伏特效应的光电器件有光电池和光电二极管、三极管。

（2）光电管

光电管是利用外光电效应制作的器件，有真空光电管、充气光电管两类。两者结构相似，如图3-60 所示。它们由一个阴极和一个阳极构成，并且密封在一只真空玻璃管内。阴极装在真空玻璃管内壁上，其上涂有光电发射材料。阳极通常用金属丝弯曲成矩形或圆形，置于玻璃管的中央。当光照射阴极时，便有电子逸出，这些电子被具有

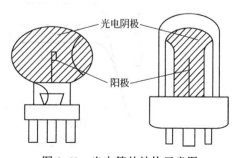

图 3-60　光电管的结构示意图

正电位的阳极所吸引，在光电管内形成空间电子流，在外电路就产生电流。在外电路串入一适当阻值的电阻，则在该电阻上的电压降或电路中的电流大小都与光强成函数关系，从而实现了光电转换。

充气光电管内充有少量的惰性气体如氩或氖，当阴极被光照射后，光电子在飞向阳极的途中，和气体的原子发生碰撞而使气体电离，增加了光电流，从而使光电管的灵敏度增加。但是，充气光电管的光电流与入射光强度不成比例关系，因而存在稳定性较差、惰性大、容易老化等缺点。目前，由于放大技术的提高，真空光电管的灵敏度也不断提高。在自动检测仪表中，由于要求温度影响小和灵敏度稳定，一般都采用真空光电管。

由于真空光电管的灵敏度低，光照很弱时，光电管产生的电流很小，为提高灵敏度，常常使用光电倍增管。光电倍增管是可将微弱光信号通过光电效应转变成电信号并利用二次发射电极转为电子倍增的电真空器件，其工作原理建立在光电发射和二次发射的基础上，以获得大的光电流。

光电倍增管的工作原理如图 3-61 所示，由光阴极 K、倍增极 D1、D2、D3……和阳极 A组成。光电倍增管工作时，相邻电极之间保持一定的电位差，其中阴极电位最低，各倍增电极电位逐渐升高，阳极电位最高。阳极是用来收集电子的，光电倍增管的放大倍数可达几万到几百万倍。因此，在很微弱的光照时，它就能产生很大的光电流。

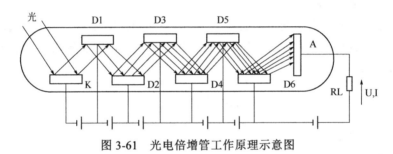

图 3-61　光电倍增管工作原理示意图

光电器件主要由伏安特性、光照特性、光谱特性、响应时间、峰值探测率和温度特性来描述，本节仅对其中几个主要特性作简单叙述。

① 光电管的伏安特性　在一定的光照射下，光电器件阳极所加电压与阳极产生的电流之间的关系称为光电管的伏安特性。真空和充气光电管的伏安特性分别如图 3-62（a）和（b）所示，伏安特性是使用光电传感器时应考虑的主要性能指标。

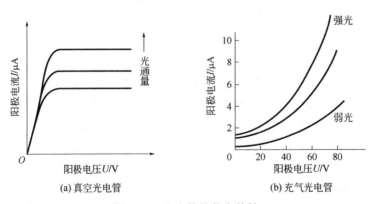

(a) 真空光电管　　　　　　　　(b) 充气光电管

图 3-62　光电管的伏安特性

② 光电管的光照特性　当光电管的阳极和阴极之间所加电压一定时,光通量与光电流之间的关系称为光电管的光照特性。如图 3-63 所示,曲线 1 表示氧铯阴极光电管的光照特性,光电流 I 与光通量成线性关系;曲线 2 为锑铯阴极光电管的光照特性,它呈非线性关系。光照特性曲线的斜率(光电流与入射光光通量之比)称为光电管的灵敏度。

③ 光电管的光谱特性　对于光电阴极材料不同的光电管,其产生光电效应所需照射光的最低频率也不同,因此它们可用于不同光谱的检测,这就是光电管的光谱特性。对于不同波长的光,应选用不同材料的光电阴极。

（3）光敏电阻

光敏电阻是利用光敏材料内光电效应制作的一种光敏元件。由于光电导效应仅限于光照的表面薄层,因此光敏半导体材料一般都做成薄层。光敏电阻的结构如图 3-64（a）所示。在玻璃底板上均匀地涂上薄薄的一层半导体物质,半导体的两端装上金属电极,使电极与半导体层产生可靠的点接触,然后,将它们压入塑料封装体内。为了防止周围介质的污染,在半导体光敏层上覆盖一层漆膜,漆膜成分的选择应该是能使它在光敏层最敏感的波长范围内透射率最大。把光敏电阻连接到外电路中,在外加电压的作用下,用光照射就能改变电路中电流的大小,如图 3-64（b）所示电路图。

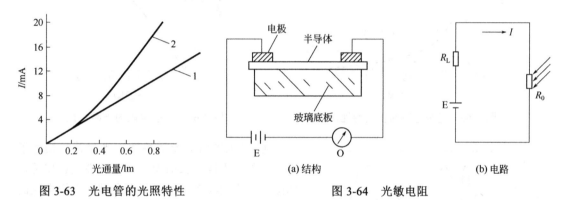

图 3-63　光电管的光照特性　　　　　　图 3-64　光敏电阻

光敏电阻在受到光的照射时,由于内光电效应使其导电性能增强,电阻 R_0 值下降,所以流过负载电阻 R_L 的电流及其两端电压也随之变化。光线越强,电流越大;当光照停止时,光电效应消失,电阻恢复原值,因而可将光信号转换为电信号。

光敏电阻具有很高的灵敏度,光谱响应的范围宽(从紫外区域到红外区域),体积小,质量轻,性能稳定,机械强度高,耐冲击和振动,寿命长,价格低,被广泛地应用于自动检测系统中。

光敏电阻的种类很多,一般由金属的硫化物、硒化物、碲化物等组成,如硫化镉、硫化铅、硫化铊、硒化镉、硒化铅、碲化铅等。由于所用材料和工艺不同,它们的光电性能也相差很大。

光敏电阻的使用取决于它的性能,如暗电流、光电流、伏安特性、光照特性、光谱特性、频率特性、温度特性以及灵敏度、时间常数和最佳工作电压等。

① 暗电阻、亮电阻与光电流　光敏电阻在未受到光照时的阻值称为暗电阻,此时流过的电流称为暗电流。在受到光照时的电阻称为亮电阻,此时的电流称为亮电流。亮电流与暗电流之差称为光电流。

一般暗电阻越大、亮电阻越小，光敏电阻的灵敏度就越高。光敏电阻的暗电阻阻值一般在兆欧数量级，亮电阻在几千欧以下。暗电阻与亮电阻之比一般在 $10^2 \sim 10^6$，这个数值是相当可观的。

② 光敏电阻的伏安特性　伏安特性描述的是光敏电阻两端电压与光电流之间的关系。在一定的照度下，加在光敏电阻两端的电压与光电流之间的关系曲线，称为光敏电阻的伏安特性曲线，如图 3-65 所示。由该曲线可知，在外加电压一定时，光电流的大小随光照的增强而增加；外加电压越高，光电流也越大，而且没有饱和现象。光敏电阻在使用时受耗散功率的限制，其两端的电压不能超过最高工作电压。图中虚线为允许功耗曲线，由它可以确定光敏电阻的正常工作电压。

③ 光敏电阻的光照特性　光敏电阻的光照特性用于描述光电流 I 和光照强度之间的关系，一般的光敏电阻的光照特性可用图 3-66 所示的非线性曲线描述，可见光敏电阻不宜作线性测量元件，常用作开关式的光电转换器。

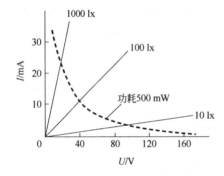

图 3-65　光敏电阻的伏安特性曲线

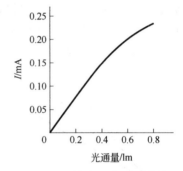

图 3-66　光敏电阻的光照特性

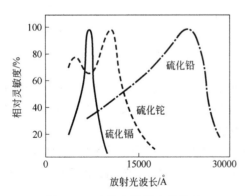

图 3-67　光敏电阻的光谱特性

④ 光敏电阻的光谱特性　光谱特性描述了光敏电阻对不同波长的光谱的选择性吸收作用，如图 3-67 所示。对于不同波长的光，光敏电阻的灵敏度也不同，因此在光敏电阻选取时，应以光源的光谱特征作为依据，如光源在可见光区域，可选用硫化镉光敏材料；光源在红外区域，可选用硫化铅光敏材料。

（4）光电池

光电池是将光量转变为电动势的光电元件，它本质上属于电压源。光电池的结构及工作原理如图 3-68 所示，它实质上是一个大面积的 PN 结，光照下产生的电子空穴对向两级扩散，形成与光照强度有关的电动势。P 型半导体与 N 型半导体结合在一起时，由于载流子的扩散作用，在其交界处形成一过渡区，即 PN 结，并在 PN 结形成一内建电场，电场方向由 N 区指向 P 区，阻止载流子的继续扩散。当光照射到 PN 结上时，在其附近激发电子空穴对，在 PN 结电场作用下，N 区的光生空穴被拉向 P 区，P 区的光生电子被拉向 N 区，结果在 N 区聚集了电子，带负电，P 区聚集了空穴，带正电。这样 N 区和 P 区间出现了电位差。若用导线连接 PN 结两端，则电路中便有电流流过，电流方向由 P 区经外电路至 N 区；若将电路断开，便可测出光生电动势。

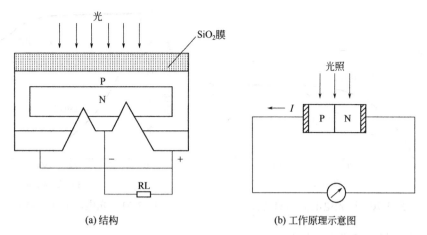

图 3-68　硅光电池

光电池的种类很多，有硒光电池、硫化铊光电池、硫化镉光电池、锗光电池、硅光电池、砷化钾光电池等。其中应用最多的是硅、硒光电池，它们的优点是性能稳定、光谱范围宽、频率特性好、转换效率高、能耐高温辐射等。另外，由于硒光电池的光谱峰值位置在人们的视觉范围内，所以很多分析仪器、测量仪表也常常用到它。

光电池的基本特性有以下几种。

① 光电池的光谱特性　光电池的相对灵敏度 K_r 与入射光波长 λ 之间的关系称为光谱特性。图 3-69 为硒光电池和硅光电池的光谱特性曲线。由图可知，不同材料光电池的光谱峰值位置是不同的，硅光电池为 $0.45\sim1.1\mu m$，而硒光电池为 $0.34\sim0.75\mu m$。在实际使用时，可根据光源性质选择光电池。但要注意，光电池的峰值不仅与制造光电池的材料有关，而且也与使用温度有关。

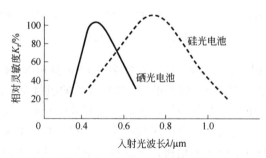

图 3-69　光电池的光谱特性

② 光电池的光照特性　光电池在不同的光强照射下可产生不同的光电流和光生电动势，硅光电池的光照特性曲线如图 3-70 所示。从曲线可以看出，短路电流在很大范围内与光强成线性关系。开路电压随光强变化呈非线性特性，并且当照度在 2000lx 时就趋于饱和了。因此把光电池作为测量元件时，应把它当作电流源的形式来使用，不宜用作电压源。

③ 光电池的频率特性　光电池的频率特性是光的调制频率 f 与光电池的相对输出电流 I_r（相对输出电流=高频输出电流/低频最大输出电流）之间的关系曲线。如图 3-71 所示，硅光电池具有较高的频率响应，而硒光电池则较差。因此，在高速计数器、有声电影等方面多采用硅光电池。

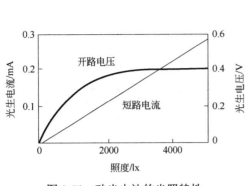

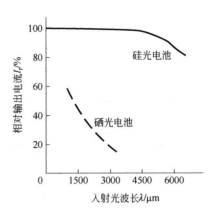

图 3-70　硅光电池的光照特性　　　　　图 3-71　光电池的频率特性

（5）光电二极管和光电三极管

① 光电二极管　光电二极管是一种利用 PN 结单向导电性的结型光电器件，其符号如图 3-72（a）所示。光电二极管的结构 [图 3-72（b）] 与一般二极管相似，它装在透明玻璃外壳中，PN 结装在管颈，可直接受光的照射。光电二极管在电路中一般是处于反向工作状态，如图 3-72（c）所示。在没有光照射时，光电二极管的反向电阻很大、反向电流很小，此时光电二极管处于截止状态；受光照射时光电二极管处于导通状态，此时光电二极管的工作原理与光电池的工作原理很相似。

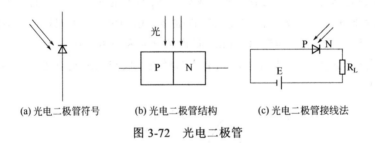

(a) 光电二极管符号　　　(b) 光电二极管结构　　　(c) 光电二极管接线法

图 3-72　光电二极管

② 光电三极管　如图 3-73 所示，光电三极管有 PNP 型和 NPN 型两种，其结构与一般三极管很相似，只是它的发射极一般做得很大，以扩大光的照射面积，且基极往往不接引线。光电三极管集电极加上正电压，基极开路，此时集电极处于反向偏置状态。当光线照射在集电极的基区时，会产生电子空穴对，光电子被拉到集电极，基极留下空穴，使基极与发射极间的电压升高，使大量的电子流向集电极，形成输出电流，且集电极电流为光电流的 β 倍。由于锗管的暗电流比硅管大，因此锗管的性能较差。故在可见光或探测赤热状态物体时，一

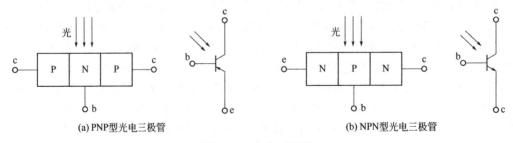

(a) PNP型光电三极管　　　　　　　　　　(b) NPN型光电三极管

图 3-73　光电三极管

般选用硅管。但对红外线进行探测时，多采用锗管。对于光电三极管而言，当光照足够时，会出现饱和现象，故它既可作线性转换元件，也可作开关元件。

3.7.2　光电式传感器应用实例

（1）光电式烟雾报警器

无烟雾时，光敏元件接收到 LED 发射的恒定红外光。而在火灾发生时，烟雾进入检测室，遮挡了部分红外光，使光电三极管的输出信号减弱，经阈值判断电路后，发出警报信号，如图 3-74 所示。

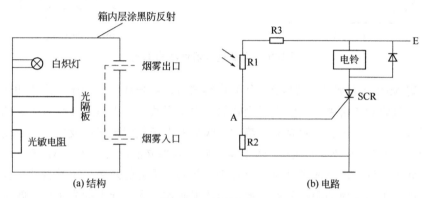

图 3-74　烟雾报警器

无线火灾烟雾传感器可以固定在墙体或者天花板上。它内部使用一节 9V 层叠电池供电，工作在警戒状态时，工作电流仅为 15μA，报警发射时工作电流为 20μA。当探测到初期明火或者烟雾达到一定浓度时，传感器的报警蜂鸣器立即发出 90dB 的连续报警，工作指示灯快速连续闪烁，无线发射器发出无线报警信号，通知远方的接收主机，将报警信息传递出去。无线发射器的报警距离在空旷地可以达到 200m，在有阻挡的普通家庭环境中可以达到 20m。

（2）条形码扫描笔

条形码扫描笔的结构如图 3-75 所示，前方为光电读入头，当扫描笔头在条形码上移动时，若遇到黑色线条，发光二极管发出的光线将被黑线吸收，光电三极管接收不到反射光，呈现高阻抗，处于截止状态；当遇到白色间隔时，发光二极管所发出的光线，被反射到光电三极管，光电三极管产生光电流而导通。整个条形码被扫描笔扫过之后，光电三极管将条形码变成了一个个电脉冲信号，该信号经放大、整形后便形成了脉冲串，再经计算机处理后，完成对条形码信息的识读。

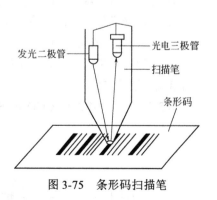

图 3-75　条形码扫描笔

3.7.3　电荷耦合器件

电荷耦合器件（charge coupled device，CCD）是利用内光电效应由众多的光敏元件构成的集成化光传感器，其结构单元见图3-76。它包括电荷转移、光信号转换、存储、传输和处理的集成光敏传感器，具有体积小、功耗小等优点，用于可见光、紫外光、X 射线、红外光和电子轰击等成像过程。

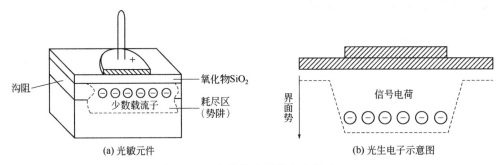

沟阻

氧化物SiO$_2$

少数载流子

耗尽区（势阱）

(a) 光敏元件

界面势

信号电荷

(b) 光生电子示意图

图 3-76　电荷耦合器件结构单元

当光照射 MOS（金属-氧化物-半导体）电容器时，半导体吸收光子，产生电子空穴对，光生电子会被吸收到势阱中。势阱内所吸收的光生电子数量与入射到该势阱附近的光强成正比，光强越大，产生电子空穴对越多，势阱中收集的电子数就越多；反之，光越弱，收集的电子数越少。一个 MOS 光敏元叫做一个像素，将相互独立的成百上千个 MOS 光敏元放在同一半导体衬底上，这样就形成了几百甚至几千个势阱。因为势阱中电子数目的多少可以反映光的强弱，能够说明图像的明暗程度，所以当照射到这些光敏元上的光呈现一幅强度不同的图像时，就生成一幅与光强成正比的电荷图像，这是 MOS 的工作原理。

CCD 传感器利用光敏元件的光电转换功能将透射到光敏元件上的光学图像转换为电信号"图像"，即光强的空间分布转换为与光强成比例的、大小不等的电荷包空间分布，然后经读出位移寄存器的位移功能将电信号"图像"转送，并经放大器输出。依照其光敏元件排列方式的不同，CCD 传感器主要分为线阵和面阵两种。

随着电子技术、计算机技术的日益发展，CCD 传感器的性能也不断提高。在非电量的测量中，CCD 传感器的主要功能有以下三个方面。

① 组成测试仪器，可以测量物位、尺寸、工件损伤、自动焦点等。

② 用作光学信息处理装置的输入环节，如用于传真技术、光学字符识别技术（OCR）与图像识别技术、光谱测量及空间遥感技术、机器人视觉技术等方面。

③ 作为自动化流水线装置中的敏感器件，如可用于机床、自动售货机、自动搬运车以及自动监视装置等方面。

图 3-77 所示为用线阵 CCD 传感器测量物体尺寸的基本原理。

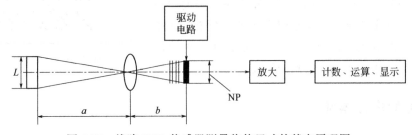

驱动电路

L

a

b

NP

放大

计数、运算、显示

图 3-77　线阵 CCD 传感器测量物体尺寸的基本原理图

3.8 霍尔传感器

霍尔传感器是利用霍尔效应将磁场强度转换为电信号的一种传感器。1879 年美国物理学家霍尔首先在金属材料中发现了霍尔效应，但由于金属材料的霍尔效应太弱而没有得到应用。随着半导体技术的发展，可用半导体材料制成霍尔元件，由于其霍尔效应显著而得到应用和发展。由于霍尔传感器具有灵敏度高、线性度好、稳定性高、体积小和耐高温等特性，它已被广泛应用于非电量测量、自动控制、计算机装置和现代军事技术等各个领域。

3.8.1 霍尔效应

如图 3-78 所示的一块半导体薄片，其长度为 L，宽度为 b，厚度为 d，当它被垂直置于磁感应强度为 B 的磁场中，如果在它的两边通以控制电流 I，且磁场方向与电流方向正交，则在半导体另外两边将会产生一个大小与控制电流 I 和磁场强度 B 乘积成正比的电势 U_H，即 $U_H=K_H IB$，其中 K_H 为霍尔元件的灵敏度，这一现象称为霍尔效应，该电势称为霍尔电势，半导体薄片就是霍尔元件。霍尔效应是半导体中自由电荷受磁场中洛伦兹力作用而产生的。

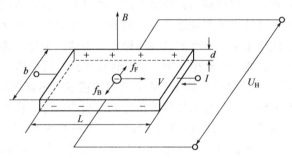

图 3-78 霍尔效应原理图

若想获得较强的霍尔电势，材料的电阻率必须要高，且迁移率也要大。金属导体中的载流子迁移率很大，但存在电阻率低的不足；而绝缘体的电阻率很大，但存在载流子迁移率低的不足。因此，只有半导体材料同时具有载流子迁移率大和电阻率高的特点，是用来制作霍尔传感器的理想材料。

3.8.2 霍尔传感器的工程应用

（1）霍尔位移传感器

在两个极性相反、磁感应强度相同的磁钢的气隙中，放置一个霍尔元件，保持霍尔元件的控制电流恒定，同时使霍尔元件在一个均匀的梯度磁场中沿着 x 轴方向移动，如图 3-79 所示。

若控制电流 I 恒定不变，霍尔电压与磁感应强度 B 成正比，则磁场强度在一定范围内沿着 x 的方向的变化 $\mathrm{d}B/\mathrm{d}x$ 为常数，因此元件沿 x 方向移动时，霍尔电压的变化为

$$\frac{\mathrm{d}U_H}{\mathrm{d}x} = K_H I \frac{\mathrm{d}B}{\mathrm{d}x} = K \tag{3-68}$$

式中，K 为位移传感器输出灵敏度。

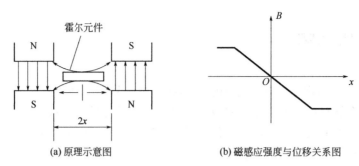

(a) 原理示意图　　　　　　　　(b) 磁感应强度与位移关系图

图 3-79　霍尔式位移传感器原理示意图

对式（3-68）积分得：

$$U_H = Kx \tag{3-69}$$

式（3-69）表明霍尔电压与位移成正比，电压的极性表示元件位移的方向。这种位移传感器可用来测量 1～2mm 的小位移，且惯性小、响应速率快。利用这种位移与电压的转换关系，还可以用来测量力、压力、压差、液位、流量等物理量。

（2）霍尔式汽车点火器

传统的汽车点火装置是利用机械装置使触点闭合和打开，在点火线圈断开的瞬间，感应出高电压供火花塞点火。这种方法容易造成开关的触点产生磨损、氧化，也使发动机性能的提高受到限制。而霍尔式汽车电子点火器具有无触点、节油、能适应恶劣的工作环境和较广的车速范围、启动性能好、便于微机控制等优点，目前得到广泛应用。

图 3-80 为霍尔式汽车点火器的结构示意图。图中的霍尔传感器在磁轮鼓圆周上，有永久磁铁和软铁制成的轭铁磁路，它和霍尔传感器保持有适当的间隙。由于永久磁铁按磁性交替排列并等分嵌在磁轮鼓圆周上，因此当磁轮鼓转动时，磁铁的 N 极和 S 极便交替地在霍尔传感器的表面通过，霍尔传感器的输出端便输出一串脉冲信号。将这些脉冲信号积分后去触发功率开关管的导通或截止，在点火线圈中便可输出 15kV 的感应高电压，以点燃汽缸中的燃油，随之发动机开始转动。

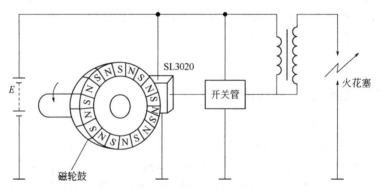

图 3-80　霍尔式汽车点火器结构示意图

采用霍尔传感器制成的汽车点火器和传统的汽车点火器相比具有很多优点，如由于无触点，因此无需维护，使用寿命长；由于点火能量大，汽缸中气体燃烧充分，排气对大气的污染明显减少；由于点火时间准确，可提高发动机的性能。

（3）霍尔式转速计

霍尔式转速计原理如图 3-81 所示，磁性转盘的输入轴与被测转轴相连，将霍尔元件移置旋转盘下边，让转盘上小磁铁形成的磁力线垂直穿过霍尔元件。当被测转轴转动时，磁性转盘随之转动，固定在转盘上的霍尔传感器便可在每个小磁铁通过时产生一个相应的脉冲电压，检测出单位时间内脉冲电压的个数，便可知被测转轴的旋转速度，从而实现转速的检测。转盘上磁铁对数越多，传感器测速的分辨率就越高。

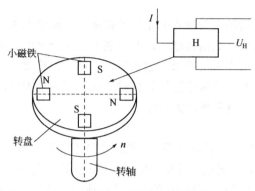

图 3-81　霍尔式转速计原理图

3.9　传感器的选用原则

近些年传感器技术的研制和发展非常迅速，智能传感器、生物传感器等各式各样的新式传感器应运而生，为选用传感器带来了很大的灵活性。对于同一个被测非电物理量，可以选用不同的传感器实现其测量，如何选择最适合的传感器，是使用者必须考虑的问题。一般选择传感器时，应考虑以下几个方面。

（1）根据测量对象与测量环境确定传感器类别

要进行一个具体的测量工作，首先要考虑采用何种原理的传感器，这需要分析多方面因素之后才能确定。即使是测量同一物理量，也有多种测量原理的传感器可供选用，哪一种原理的传感器更为合适，则需要根据被测量的特点和传感器的使用条件考虑以下一些具体问题：量程的大小、被测位置对传感器体积的要求、测量方式为接触式还是非接触式、传感器的来源是国产还是进口、价格能否承受、是否自行研制。

在考虑上述问题之后就能确定选用何种类型的传感器，然后再考虑传感器的具体性能指标。

（2）灵敏度的选择

通常在传感器的线性范围内，希望传感器的灵敏度越高越好。因为只有当灵敏度高时，与被测量变化对应的输出信号的值才比较大，有利于信号处理。但要注意的是，传感器的灵敏度高，与被测量无关的外界噪声也容易混入，也会被放大系统放大，影响测量精度。因此，要求传感器本身应具有较高的信噪比，尽量减少从外界引入的干扰信号。传感器的灵敏度是有方向性的，当被测量是单向量，而且对其方向性要求较高时，应选择其他方向灵敏度小的传感器；如果被测量是多维向量，则要求传感器的交叉灵敏度越小越好。

（3）频率响应特性

传感器的频率响应特性决定了被测量的频率范围，必须在允许频率范围内保持不失真的测量条件。实际传感器的响应总有一定的延迟，希望延迟时间越短越好。传感器的频率响应越高，可测的信号频率范围就越宽，而由于受到结构特性的影响，机械系统的惯性较大，因此频率低的传感器可测信号的频率较低。在动态测量中，应根据信号的特点（稳态、瞬态、随机等）及响应特性选择传感器，以免产生过大的误差。

（4）线性范围

传感器的线性范围是指输出与输入成正比的范围。从理论上讲，在此范围灵敏度保持定值。传感器的线性范围越宽，其量程越大，并且越能保证一定的测量精度。当传感器的种类确定以后首先要看其量程是否满足要求。但实际上，任何传感器都不能保证绝对的线性，其线性度也是相对的。当所要求测量精度比较低时，在一定的范围内，可将非线性误差较小的传感器近似看作线性的，这将带来较大方便。

（5）稳定性

传感器的稳定性是指使用一段时间后，其性能保持不变的能力。影响传感器长期稳定性的因素除传感器本身结构外，主要是传感器的使用环境。在选择传感器之前，应对其使用环境进行调查，并根据具体的使用环境选择合适的传感器；或采取适当的措施，减小环境的影响。

传感器的稳定性有定量指标，在超过使用期后，在使用前应重新进行标定，以确定传感器的性能是否发生变化。在某些要求传感器能长期使用而又不能轻易更换或标定的场合，对所选用传感器的稳定性要求更严格，要能够经受住长时间的考验。

（6）精度

精度是传感器的一个重要的性能指标，它关系到整个测量系统的测量精度。传感器的精度只要满足整个测量系统的精度要求即可，不必选得过高。这样就可以在满足同一测量目的的诸多传感器中选择比较便宜和简单的传感器。如果测量目的是用来定性分析的，选用重复精度高的传感器即可，不宜选用绝对量值精度高的；如果是为了定量分析，必须获得精确的测量值，就需选用精度等级能满足要求的传感器。对某些特殊使用场合，当无法选到合适的传感器时，则需自制传感器以满足使用要求。

在传感器的选用过程中除上述几种参数需要考虑外，还需要考虑更多基本参数。现将传感器的一些指标总结如表 3-3，供选用时参考。

表 3-3　传感器的指标

基本参数指标				环境参数指标			可靠性指标	其他指标
量程指标	灵敏度指标	精度有关指标	动态性能指标	温度指标	抗冲振指标	其他环境参数		使用有关指标
量程范围；过载能力	灵敏度；分辨率；满量程输出	精度；误差；线性；滞后；重复性；灵敏度误差；稳定性	固定频率；阻尼比；时间常数；频率响应范围；频率特性；临界频率；临界速度；稳定时间	工作温度范围；温度误差；温度漂移；温度系数；热滞后	允许各向抗冲振的频率、振幅及加速度；冲振所引入的误差	抗潮湿、抗介质腐蚀、抗电磁场干扰等能力	工作寿命；平均无故障时间；保险期；疲劳性能；绝缘电阻；耐压及抗飞弧	供电方式（直流、交流、频率及波形等）；功率；电压范围；外形尺寸、质量、壳体材质、结构特点等；安装方式、馈线电缆

习题

1．传感器是由哪几部分组成？分别起到什么作用？

2．传感器的分类方法有哪些？举例说明。

3．搜集一个关于传感器的应用实例，说明传感器的种类、作用及其在应用中要满足哪些技术参数。

4．试述金属电阻应变片与半导体应变片的应变效应有什么不同。

5．什么是金属材料的电阻应变效应？什么是半导体材料的压阻效应？如何利用电阻应变效应及压阻效应制成应变片？

6．什么叫灵敏度系数？灵敏度系数大小对传感器元件有什么影响？

7．电感式传感器分为哪几种类型？每种类型各有什么特点？

8．互感式传感器（差动变压器）有几种结构形式？各有什么特点？

9．什么是电涡流效应？

10．差动式自感传感器的结构有什么优点？

11．简述热电效应。

12．什么是接触电势？什么是温差电势？

13．试证明热电偶基本定律中的中间导体定律。

14．简述压电效应。

第**4**章

显示和记录仪表

本章知识构架

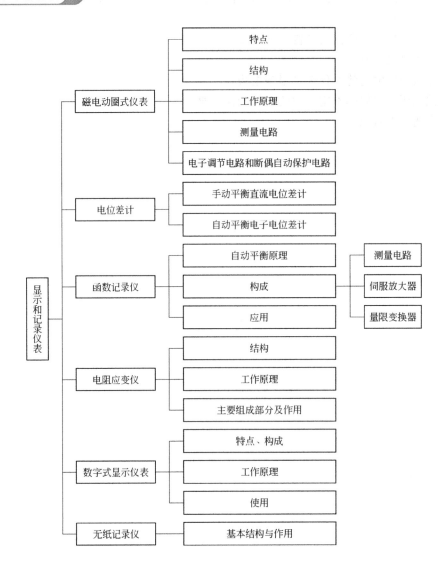

显示和记录仪表
- 磁电动圈式仪表
  - 特点
  - 结构
  - 工作原理
  - 测量电路
  - 电子调节电路和断偶自动保护电路
- 电位差计
  - 手动平衡直流电位差计
  - 自动平衡电子电位差计
- 函数记录仪
  - 自动平衡原理
  - 构成
    - 测量电路
    - 伺服放大器
    - 量限变换器
  - 应用
- 电阻应变仪
  - 结构
  - 工作原理
  - 主要组成部分及作用
- 数字式显示仪表
  - 特点、构成
  - 工作原理
  - 使用
- 无纸记录仪
  - 基本结构与作用

1. 了解磁电动圈式仪表的结构、特点和工作原理。
2. 掌握直流电位差计的组成、工作原理和使用。
3. 熟悉函数记录仪的工作原理和测量电路。
4. 熟悉数字式显示仪表的组成和原理，了解典型的数字式显示仪表工作原理。
5. 了解无纸记录仪的基本结构、特点和界面显示。

传感器输出的模拟电信号经中间转换后需要进行测量、显示和记录。在数字系统中还要将其转换成数字形式，以便直接显示或送入计算机作进一步处理，这些都必须由测量、显示和记录装置来完成。本章对检测系统中最常用的测量、显示和记录仪表进行介绍。

4.1　磁电动圈式仪表

磁电动圈式仪表是工业过程测量和控制系统中广泛应用的一种模拟式简易仪表，也是工业自动化领域中发展较早的一种仪表。这种仪表能与热电偶、热电阻或辐射感温器配合测量温度；与霍尔压力变送器或滑线电阻式运转压力计配合测量压力；与电感式膜片差压计配合测量差压。带调节装置的动圈式仪表与上述传感器配合，不但能测量温度、压力和差压，而且还能实现对这些参数的自动控制和越限报警，是一种既能指示又能自动调节和报警的磁电式显示仪表，因其核心部分是处于磁场中运动的可动线圈，所以称之为磁电动圈式指示调节仪表或磁电动圈式显示仪表。本节主要介绍和热电偶或热电阻配合使用的磁电动圈式温度仪表的结构、工作原理及其特点。

4.1.1　磁电动圈式仪表的特点及分类

（1）磁电动圈式仪表的特点

① 和其他仪表相比，磁电动圈式仪表结构简单可靠、抗干扰能力强、易于维护、价格低廉。

② 采用磁电式动圈测量机构，易于将微小直流信号变换成测量指针较大的角位移，并且这种变换不受外界电磁场的影响。

③ 在同一测量机构上配以不同的测量电路，就可配接不同的测量元件，从而实现对不同参数的测量，同时，可配置不同的调节电路或控制机构，构成不同的调节动作，从而实现对被测参数的自动调节。

其不足之处是对工作条件有一定的要求，由于动圈结构应避免震动，在测量过程中仪表需要一定的时间才能使测量指针稳定下来，因此不能测量快速变化的信号。

（2）磁电动圈式仪表的分类及命名方法

按动圈式仪表在生产中的功能，可将其分为指示型、指示调节型和记录型三类。指示型磁电动圈式测温仪表（例如型号 XCZ-101A）只能测量和指示温度，也称作磁电动圈式指示型测温仪表；指示调节型磁电动圈式测温仪表（例如型号 XCT-101）既能测温及指示温度，同时也可以调节控制温度，也称作磁电动圈式指示调节型测温仪表，两种仪表的实物图如图 4-1 所示。

(a) XCZ-101A   (b) XCT-101

图 4-1　磁电动圈式仪表

　　中国动圈式仪表的型号命名方法与其他工业仪表一样，产品型号由两节组成。第一节由大写汉语拼音字母表示，一般不超过三位；第二节由阿拉伯数字表示，一般也不超过三位。书写的顺序由第一节第一位起，至第二节第三位止，第一节与第二节之间用短线分开。中国动圈式仪表的型号及其所代表的意义如表 4-1 所示。

表 4-1　中国动圈式仪表的型号及其所代表的意义

第一节						第二节						尾注	
第一位		第二位		第三位		第一位		第二位		第三位			
代号	意义	代号	意义	代号	意义	代号	意义	代号	意义	代号	意义	代号	意义
X	显示	C	动圈式磁电系	Z	指示仪		单标尺设计序列或种类		表示调节方式		配接检出元件		动圈式表示
		F	前置放大式			1	高频振荡（固定参数）	0	二位调节	1	热电偶	Y	位式延时
		B	力矩电机式	T	指示调节仪	2	高频振荡（可变参数）	1	三位调节（狭中间带）	2	热电阻	D	位式带例相
		E	动磁式			3	时间程序，高频振荡（固定参数）	2	三位调节（宽中间带）	3	霍尔变送器或传感器	T	三防型
								3	时间比例调节	4	电阻远传压力表		前置放大式动圈指示仪
								4	时间比例加二位调节	5	标准模拟直流电信号	—S	内磁、横式竖式
								5	时间比例加时间比例			AB	外磁、横式竖式
								6	电流 PID 加二位调节				前置放大式（动圈指示调节控制）
								8	电流比例调节			CD	横式竖式

续表

| 第一节 | | | | | | 第二节 | | | | | 尾注 | |
| 第一位 | | 第二位 | | 第三位 | | 第一位 | | 第二位 | | 第三位 | | | |
代号	意义	代号	意义	代号	意义	代号	意义	代号	意义	代号	意义	代号	意义
								9	电流 PID 调节				指示调节为并联环节:
												A	外磁、横式
												B	外磁、竖式
												—	内磁、横式
												S	内磁、竖式

4.1.2 磁电动圈式仪表的结构及工作原理

XCZ-101 型磁电动圈式指示型测温仪表一般由动圈测量机构、测量电路两部分组成，XCT-101 型磁电动圈式指示调节型测温仪表的组成除动圈测量机构、测量电路外，还有电子调节电路。

（1）磁电动圈式指示型测温仪表的结构及工作原理

图 4-2 为 XCZ-101 型磁电动圈式仪表的工作原理简图。该仪表由动圈、磁铁芯、永久磁铁、指针、刻度板等构成。动圈被张丝支撑在恒定磁场中，指针和动圈连为一体，动圈旋转时带动指针旋转，指针指向刻度板某一位置的值就是测量值。

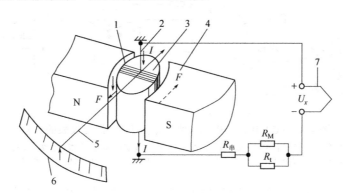

图 4-2 XCZ-101 型磁电动圈式仪表工作原理图

1—动圈；2—张丝；3—磁铁芯；4—永久磁铁；5—仪表指针；6—仪表刻度面板；7—热电偶

永久磁铁（又称"磁钢"）为仪表提供磁场能源。磁铁芯在其中起磁通路作用，其外形做成圆柱形，是为了配合磁极，使之在环形空气间隙中形成均匀的辐射磁场。气隙中悬有一个可动线圈（即"动圈"），这是一个由漆包铜线绕制成的无骨架矩形线框。它与上、下张丝和弹片支承相连接，而张丝则和信号线相连，起导流作用。

动圈式仪表的标尺一般是把热电势换算成温度值进行刻度，因此，可以从刻度面板上直接读出所测温度值。由于不同分度号的热电偶的温度-热电势关系不同，所以一种规格的仪表配接一种分度号的热电偶，每种仪表上都注有配接热电偶的分度号，使用时应注意。

磁电动圈式指示型测温仪表的工作原理是:被测的温度参数经热电偶转换成热电势信号 E_x，该热电势信号 E_x 再经过测量电路被送入仪表的动圈中，于是在动圈中流过电流。由于动圈被张丝支撑在恒定磁场中，磁场中的动圈流过电流形成电磁力，动圈在电磁力的作用下将发生偏转；动圈发生偏转时带动张丝扭转，张丝对动圈形成反作用力，张丝的反作用力的大小与张丝的扭转角度（动圈的偏转角度）成正比，当作用到动圈上的电磁力和张丝的反作用力相等时动圈停在某一位置上，此时指针指向刻度板某一值即测量温度值。当测量温度升高、热电偶的热电势增加时，动圈中流过的电流增加，作用到动圈上的电磁力增加，动圈旋转角度增加；同时动圈带动张丝使张丝的扭转角度增加、张丝对动圈的反作用力增加，当作用到动圈上的电磁力和张丝的反作用力达到新的平衡时，指针指向刻度板的新值，比先前的值增加了；反之亦然。

（2）磁电动圈式指示调节型测温仪表的结构及工作原理

磁电动圈式指示调节型温度仪表的结构如图 4-3 所示，其动圈、永久磁铁、指针、刻度板等和磁电动圈式指示型测温仪表的构成相同，除此之外还有铝旗、检测线圈、振荡器及直流放大器、继电器、给定指针等。在刻度板下面的给定指针可左右调节移动，其位置由要求的温度目标值确定，温度目标值高，给定指针往右调节移动。一对具有一定间隙的检测线圈安装在给定指针上，工作时检测线圈随给定指针左右调节移动。铝旗安装在测量指针上随测量指针移动，测量指针移动的范围就是刻度板最低温度点至给定指针的温度范围，当测量指针移动到最大位置时铝旗进入一对检测线圈中间。

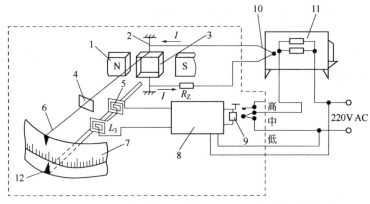

图 4-3　XCT-101 型磁电动圈式指示调节型温度仪表的结构

1—永久磁铁；2—张丝；3—动圈；4—铝旗；5—检测线圈；6—测量指针；7—仪表刻度板；
8—振荡器及直流放大器；9—继电器；10—热电偶；11—电阻炉；12—给定指针

磁电动圈式指示调节型测温仪表在测温的基础上，同时进行温度的调节与控制，因此其工作原理分两部分，即测温工作原理和调节工作原理。其中，它的测温工作原理与磁电动圈式指示型测温仪表的工作原理完全相同，调节工作原理如下：

当被测温度低于目标值时，测量指针在刻度板最低温度点至给定指针的温度范围内移动，测量指针上的铝旗在检测线圈外（检测线圈左侧）移动。此时由检测线圈控制的振荡器振荡，直流放大器通过检波及功率放大后给继电器线圈加上驱动电压使其触点吸合，电阻炉的加热电源接通，炉温上升。当被测温度达到或略高于目标温度值时，测量指针旋转靠到给定指针位置上，测量指针上的铝旗进入检测线圈中间，此时铝旗隔断了两个检测线圈之间的磁耦合，从而减小了检测线圈的电感量，导致振荡器停止振荡，直流放大器给继电器线圈的输出电压为零，其触点断开，电阻炉的加热电源被切断，电阻炉停止加热，由于电阻炉存在散热性，因而其温度将下降。当电阻炉温度下降至低于目标温度时，测量指针回落，测量指针上的铝旗离开检测线圈中间位置，振荡器又开始振荡，直流放大器输出电压驱动继电器动作，电阻炉电源接通又开始加热，如此循环进行下去。

（3）磁电动圈式仪表的动圈测量机构

当被测信号电流通过张丝流经线圈时，动圈受到电磁力矩的作用而偏转，电磁力矩的方向由左手定则决定，如图 4-4 所示。

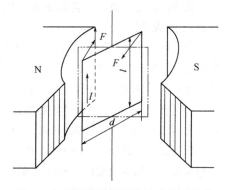

图 4-4　动圈测量机构偏转力矩的产生

XCT-101 型仪表的测量机构及其工作原理与一般磁电式直流毫伏表相同，均由一个动圈式测量机构和测量电路组成。表头中的动圈处于永久磁铁形成的磁场中，当动圈中有电流 I 通过时，将产生一电磁力矩 M，同时使张丝扭转一定角度，当张丝的扭矩 M_0 与电磁力矩 M 相等时，动圈将会停留在某一偏转角 α，α 正比于流过动圈的电流 I，即正比于热电偶的热电势 $E(T, T_0)$：

$$\alpha = SI = S\frac{E(T, T_0)}{R_Z} \tag{4-1}$$

式中，S 为仪表灵敏度系数；R_Z 为测量电路总电阻，Ω。该式表明：热电势越大，动圈偏转角越大，指针指示被测温度也就越高。

4.1.3　磁电动圈式仪表的测量电路

测量电路的作用是将测量元件，例如热电偶或热电阻，所测得的信号以一定形式送入动圈测量机构，从而使仪表指针旋转而指示被测参数的大小。测量电路对仪表的指示精度具有较大的影响。在 XC 系列温度测量仪表中主要有两种基本测量电路：一种是配接热电偶的测量电路，这种测量电路也可用于测量直流毫伏信号；另一种是配接热电阻的测量电路。

（1）配接热电偶的测量电路

图 4-5 所示为 XCT-101 型温度测量仪表配接热电偶的测量电路，该测量电路主要由电阻回路构成，测量电路的总电阻 R_Z 由外电阻 R_0 和内电阻 R_i 构成，内电阻 R_i 包括动圈电阻 R_d、温度补偿电阻 R_t 及 R_M、量程电阻 $R_{串}$。外电阻 R_0 包括热电偶电阻 $R_{偶}$、补偿导线电阻 $R_{补}$。$E(T, T_0)$ 表示热电偶的热电势。

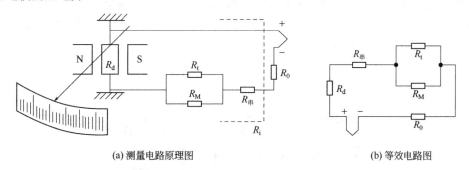

(a) 测量电路原理图　　　　　　　　　　　　　(b) 等效电路图

图 4-5　XCT-101 型温度测量仪表配接热电偶的测量电路

根据式（4-1），仪表指示值即指针的转角 α 为：

$$\alpha = SI = S\frac{E(T, T_0)}{R_Z} = S\frac{E(T, T_0)}{R_i + R_0} \tag{4-2}$$

式中，S 是常数。若再保证 R_i、R_0 均为常数，则仪表指示值 α 就只与热电偶所产生的热电势 $E(T, T_0)$ 成正比。

为了保证指示值与热电偶输出的热电势 $E(T,T_0)$ 成正比，必须保证内电阻 R_i 和外电阻 R_0 均为常数。而实际应用中，R_i 中的动圈电阻 R_d 会随环境温度的升高而增大，R_0 也可能因所选热电偶尺寸不同、热电偶与仪表间距离不同（连接导线长短不一样）而改变。

为保证 R_i 为常数，量程电阻 $R_串$（200～1000Ω）用温度系数很小的锰铜丝绕制。温度补偿电阻 R_t 用负温度系数的热敏电阻（20℃时为 68Ω）制造而成，它和 R_M（用锰铜丝绕制，50Ω）并联后可以较好地补偿动圈电阻 R_d 的变化。其次，需要保证外电阻 R_0 为常数，通常外电阻规定为定值（一般为 15Ω），测量仪表刻度板按外电阻为标准值 15Ω 进行刻度，并标明在测量仪表的表盘上，在仪表安装使用时必须遵循此要求，使用者采用的热电偶电阻 $R_偶$ 以及补偿导线电阻 $R_补$ 的大小必须符合此要求。

$$R_0 + R_偶 + R_补 = 15\Omega \tag{4-3}$$

（2）配接热电阻的测量电路

当动圈仪表与热电阻、电阻传感器等配接显示被测参数时，其输入信号为电阻变化值。为了利用统一的测量机构，必须将电阻变化转换为毫伏信号，这可以由不平衡电桥来完成。其原理线路如图 4-6 所示。在此测温电桥中，R_t 为热电阻，R_0、R_2、R_3、R_4 均为锰铜电阻，R_L 为外接线路电阻，E 为供桥电源。由于一般情况下测温现场距显示仪表较远，热电阻与显示仪表采用铜线连接。为减小导线电阻的差别及其随环境温度变化引起的测量误差，用三根导线将热电阻与显示仪表连接起来，这就是通常说的"三线制"接线法。电桥中的电阻有以下关系：

$$R_3 = R_4 \tag{4-4}$$

$$R_L + R_2 = R_{t0} + R_L + R_0 \tag{4-5}$$

式中，R_{t0} 为 0℃时 R_t 的电阻值，即 $R_t = R_{t0}$ 时，电桥平衡，电桥输出的不平衡电势 $\Delta E_{tm} = 0$，动圈中无电流流过，指针指向标尺始点。当被测温度升高时，R_t 增大，电桥输出与电阻变化值成正比的不平衡电势。电桥失去平衡，动圈中有电流流过，仪表指针指示出相应的温度值。被测温度越高，R_t 变化越大，电桥输出的不平衡电压越高，指针亦将指示出更高的温度值。不平衡电桥的设计与参数的选择，应以能保证仪表的高灵敏度和高精度，以及好的稳定性和线性度为原则。也就是说，应使桥路输出的不平衡电势大，桥路内电阻应尽可能小，这些都能通过合理选择桥路参数来实现。

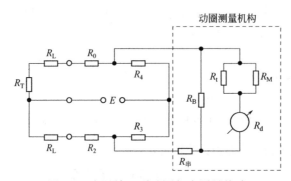

图 4-6 电阻输入型动圈仪表测量线路

4.1.4　磁电动圈式仪表的电子调节电路和断偶自动保护电路

（1）电子调节电路的工作原理

对于磁电动圈式指示调节型仪表而言，电子调节电路是其重要的组成部分，电子调节电路的作用是使仪表在测量温度的同时，根据所测温度与要求温度的偏差，控制电阻炉加热与否，从而使温度稳定在要求的数值上。以 XCT-101 型磁电动圈式仪表为例，主要介绍其电子调节电路的工作原理。

XCT-101 型磁电动圈式仪表的调节电路原理图如图 4-7 所示，该电路可实现二位式温度调节，电路由偏差检测机构、高频振荡器、检波与直流放大器以及继电器等组成，其中 VT_1 为振荡晶体管，D_2 为检波二极管，VT_2 为放大晶体管。测量指针上固定的小铝旗和 VT_1 射极回路上的 L_3、C_3 组成偏差检测机构。L_3 称为检测线圈，它由两个方形线圈串联而成，两线圈间有 3～4mm 的间隙，小铝旗可以自由通过。该电路的温度调节过程如下：当电阻炉温度低于给定值时，指针上的小铝旗在 L_3 间隙之外，此时振荡器产生高频振荡，输出的高频信号经检波放大后输出直流电流，驱动继电器 J 动作，"中-低"触点闭合，使电阻炉通电升温；当炉温达到给定值时，指针与设定针重合，指针上的小铝旗进入 L_3 的间隙，使 L_3 的电感量减小，振荡器停振，直流放大器输出的电流减小到继电器释放电流以下，继电器释放，"高-中"触点闭合，"中-低"触点断开，使电阻炉断电。如此循环可使炉温自动稳定在给定指针所指的温度上。

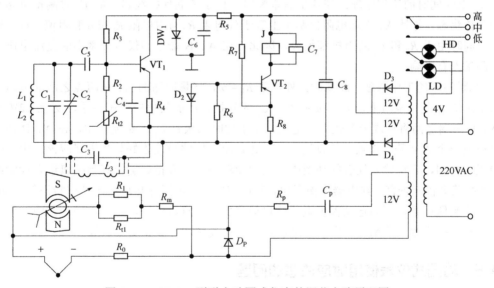

图 4-7　XCT-101 型磁电动圈式仪表的调节电路原理图

（2）断偶自动保护电路的工作原理

在生产中，磁电动圈式仪表的外电阻可能因连接不可靠或无意触碰而断路，当发生断偶现象后，仪表内的动圈就不可能有电流输入，动圈和指示指针就不会发生偏转，这样，振荡器就一直处于振荡状态，继电器的触点闭合，控制的电阻炉始终处于加热状态。当炉温超过规定的温度时，由于不能自行断电而继续加热，这样可能将炉子烧坏甚至发生安全问题，这是十分危险的，为此需要设置断偶自动保护电路。

图 4-8 是 XCT-101 型磁电动圈式温度指示调节仪表的断偶自动保护电路原理图。外电阻

$R_0=R_偶+R_补+R_调=15\Omega$。内电阻 R_i 的构成如下：

$$R_i = R_d + R_串 + \frac{R_t R_M}{R_t + R_M}$$ （4-6）

式中，R_d 为动圈电阻；$R_串$ 为量程电阻；R_t、R_M 为温度补偿电阻，二者并联。内电阻 R_i 的大小因量程的改变而变化，因量程电阻 $R_串$ 的阻值介于 200～1000Ω 之间，所以 R_i 的阻值大于 200Ω。内电阻 R_i 远远大于外电阻 R_0。

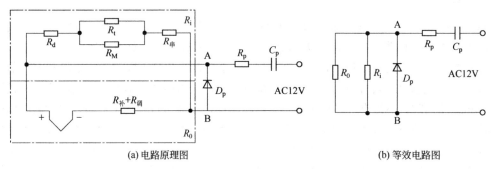

(a) 电路原理图　　　　　　　　　　　(b) 等效电路图

图 4-8　断偶自动保护电路原理图

断偶自动保护电路的工作原理如下：

① 未断偶时的工作原理：在热电偶未断时，由于断偶保护线路中的 D_p 对测量电路来说处于反接状态，并且 A、B 端电阻值基本上等于外电阻 R_0 与内电阻 R_i 的并联阻值，对二极管短路，同时由于 R_p 和 C_p 的阻抗都很大，因此，在 A、B 端之间仅有极微小的交流电压，对正常测量没有影响。

② 断偶时的工作原理：断偶时，外电阻 $R_0 \to \infty$，测量回路的 A、B 两点之间的电阻就等于内电阻 R_i，此时电阻值较大。按照 R_p、C_p 的阻抗、R_i 的阻值的分压关系，交流 12V 电压在 A、B 两端之间将形成一个较大的电压，由于此时二极管 D_p 的整流作用，在 A、B 两点之间就形成一个 A 点正、B 点负的直流电压，此直流电压的极性正好与热电偶应该产生的热电势的极性相同，它将输入仪表的动圈中，从而使动圈及仪表指针旋转直到铝旗进入检测线圈中，使振荡器停止振荡，继电器线圈断电，其触点断开，电阻加热炉电源被切断而停止加热。只要发生断偶现象，断偶自动保护电路就自动产生一个直流电压输入仪表的动圈中，使仪表指针旋转、铝旗进入检测线圈中，电阻加热炉电源被切断，避免发生事故。

4.1.5　动圈式仪表使用时应注意的问题

（1）外线电阻必须符合仪表要求

配接热电偶的动圈式仪表的外线电阻是指热电偶电阻、补偿导线电阻、冷端补偿器电阻以及外线调整电阻的总和。值得注意的是，热电偶电阻是指它在正常工作温度时的热态电阻，这一点对铂铑-铂热电偶尤为重要。如 1m 长的铂铑-铂热电偶，插入炉内深度 0.5m，在 0℃时的电阻为 1Ω，而在 1300℃时的电阻为 5Ω 左右。

（2）机械零点应正确调整

当同时使用补偿导线和冷端补偿器时，机械零点调在指定的刻度（一般为 20℃）上，如果只用补偿导线，则机械零点应调在仪器所处的环境温度上。

（3）正确接线

测量线、控制线、电源线均应正确地接在仪表背部相应的接线端子上，应特别注意补偿导线的极性不可接反。电源线的中线接在"0"端子上。标有"接地"符号的端子应可靠接地，不允许与电源中线混接。

4.2　电位差计

动圈式显示仪表虽然具有结构简单、易于安装维护等优点，但受环境温度和线路电阻的影响较大，仪表的准确性、灵敏度均受到限制，不宜用于精密测量与控制；另外，动圈式仪表的可动部分怕振动，易损坏，阻尼时间长，而且不便于实现自动记录。因此，在自动化程度较高的生产过程中，要求对微弱的信号进行准确、快速测量，并能够自动记录与控制，电位差计就被广泛地采用。该类型仪表配用热电偶、热电阻或其他检测元件可以连续显示记录生产过程中的温度、压力、流量和成分等多种参数，并且可以附加调节器、报警器等，以实现多种功能。电位差计功能多样，精度较高，而且性能稳定可靠，因而广泛应用于工业生产、科学实验研究等各个领域。

4.2.1　电位差计的分类

根据电位差计所测量的是直流量还是交流量，电位差计可以分为直流电位差计和交流电位差计。

根据电位差计的平衡过程是手动平衡还是自动平衡，电位差计又分为手动平衡电位差计和自动平衡电位差计。

在应用电位差计进行测量时，多数用于测量直流量，因此本节主要介绍测量直流量的手动平衡电位差计和自动平衡电位差计。

4.2.2　手动平衡直流电位差计

动圈指示仪表的测量精确度最高可以达到 0.1%。在实际工程测量中如果要求更高的测量准确度，就需要采用电位差计进行测量。目前，直流电位差计的准确度可达到 0.005%～0.0001%。电位差计主要用于准确度较高的电量测量及非电量测量中。

图 4-9 所示为常用的 UJ-33 型和 UJ-36 型便携式手动平衡直流电位差计，因其所测电量为直流量，靠手动实现电路平衡而得名。该类电位差计精确度等级常为 0.1 级，供一般测量

图 4-9　手动平衡直流电位差计实物图

用，亦可作为标准毫伏信号发生器，供校验自动电位差计用。工作电池为 1.5V 干电池，工作电流 6mA，标准电池多为不饱和式标准电池。

（1）手动平衡直流电位差计的工作原理

手动平衡直流电位差计的测量方法是基于比较法，利用仪器本身用可调电阻形成的已知压降和被测电动势进行比较且平衡的原理进行测量的一种测量方法。

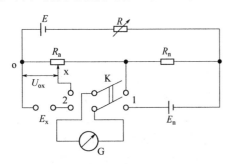

图 4-10　手动平衡直流电位
差计原理线路图

手动平衡直流电位差计的原理线路图如图 4-10 所示。整个电路由三部分组成，即：a. 由工作电源 E、调节电阻 R、固定电阻 R_n 和可调电阻 R_a 组成工作电路；b. 由标准电池 E_n、固定电阻 R_n 和检流计 G 组成的工作电流校准电路；c. 由被测电势 E_x、补偿电压 U_{ox}、检流计 G 组成的测量电路。

手动平衡直流电位差计的工作原理如下。

工作时，首先用标准电池 E_n 来校正工作电流，将开关 K 拨向位置 1，检流计 G 接到标准电池 E_n 一边，调节电阻 R 使通过检流计 G 的电流为零，此时表明标准电池 E_n 的电势和固定电阻 R_n 上的电压降 IR_n 相互补偿而达到平衡，因此可得：

$$I = \frac{E_n}{R_n} \qquad (4\text{-}7)$$

然后将开关 K 拨向位置 2，这时检流计接到被测电势一边，调节 R_a 上滑动触头 x，使检流计 G 再次指零，因为滑动触头并不影响工作电路中电阻的大小，所以工作电流保持不变。这样就可以使被测电势 E_x 与已知标准电阻 R_a 上 ox 段压降 U_{ox} 相补偿而平衡，即有如下关系式成立：

$$E_x = U_{ox} = IR_{ox} = \frac{E_n}{R_n} R_{ox} \qquad (4\text{-}8)$$

被测电势 E_x 的表达式由 E_n、R_n、R_{ox} 构成，而且 E_x、U_{ox} 与 R_{ox} 构成线形关系，于是若 E_n、R_n 的值是稳定的，并且 R_{ox} 的值能够方便准确地读取，则可以方便准确地读取平衡电压 U_{ox} 的数值，即被测电势 E_x 的测量值。E_n 由标准电池产生，其值是稳定的，固定电阻 R_n 选用阻值稳定的电阻。于是重要的问题就是研究设计 R_a 的良好分度方法（即 R_{ox} 可以方便地读出来）。

（2）直流电位差计的线路

从直流电位差计的工作原理可知，被测电势与 R_{ox} 大小成正比，为了准确测量被测电势值，要求 R_{ox} 不但制造准确，而且能获得与电位差计准确度相应的读数精度。如果 R_a 选用滑线电阻，其读数最多能达到三位数字，这显然不够精确，为此常常采用一些专门线路，十进盘线路是电位差计的基本线路，其中用得较多的有代换式十进盘线路和分路式十进盘线路。

① 代换式十进盘线路　代换式十进盘线路见图 4-11，图中补偿电压就是图 4-10 中的 U_{ox}。电流 I 调好后，补偿电压取决于 R_1、R_2、R_3 和 R_4 的读数。而 R_1、R_2、R_3 和 R_4 由 9 个相同的电阻组成，各组电阻间彼此相差 10 倍，当然各组元件上的电压降也相差 10 倍，因此可从四个十进盘上读出四位补偿电压值。

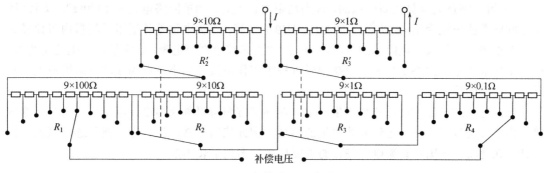

图 4-11　代换式十进盘线路

从图 4-11 可以看出，R_1 和 R_4 的调节对工作电流没有影响，为了使 R_2 和 R_3 调节时对工作电流也无影响，可在线路中相应地接入 R'_2 和 R'_3，R'_2 与 R_2、R'_3 与 R_3 联动。R_2 和 R_3 电阻的接入个数与 R'_2 和 R'_3 电阻的切除个数相等，从而保证在调节 R_2 和 R_3 的过程中，工作电路的总电阻没有变化。若需要进一步提高精度，将联动的代换式十进盘的盘数增加即可。

②　分路式十进盘线路　分路式十进盘线路见图 4-12。图中 R_1 由 11 个相同的电阻 r 组成，通过的电流为 I，每个元件上的电压为 $I \cdot r$。R_2 由 9 个相同的电阻 r 组成，R_2 的两端可借助固定的一对触头 P_1 和 P_2 接到 R_1 的任一电阻 r 上，通过 R_2 的电流为 $0.1I$，每个元件上的电压为 $0.1I \cdot r$。R_3 由 11 个相同的电阻 $0.01r$ 组成，通过 R_3 的电流为 I，每个元件上的电压降为 $0.01I \cdot r$。R_4 由 9 个相同的电阻 $0.01r$ 组成，它的两端可借助固定的一对触头 P_3 和 P_4 接到的任一电阻 $0.01r$ 上，通过 R_4 的电流为 I，每个元件上的电压为 $0.01I \cdot r$。

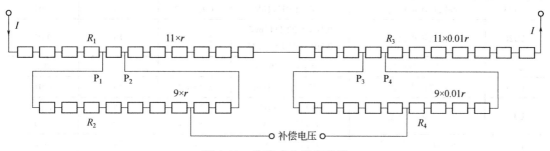

图 4-12　分路式十进盘线路

由图 4-12 还可看出，只要改变触头位置，就可以在图 4-10 所示的 o 和 x 端得到连续变化的四位数补偿电压值，而且不论所有触头的位置如何，工作回路总电阻保持不变，从而保证了工作电流在整个调节过程中恒定不变。如果在 R_2 和 R_4 上进一步采取十进盘线路，读数精度还可提高。

（3）直流电位差计的应用

根据用途和量程的大小，直流电位差计可分为两类：低阻电位差计和高阻电位差计。

①　用于测量低电势或小电压信号的，称为低阻电位差计，如 UJ1、UJ2、UJ5、UJ10 型等。此种电位差计适用于测量较小电阻上的电压降以及内阻比较小的电压，例如用来测热电偶的热电势，或者用来校验动圈毫伏表等，其线路灵敏度较高；但由于工作电流较大，故工作电流需要足够用量的电源（蓄电池）才能稳定。低阻电位差计各盘测量电阻较小，此处还必须根据测量精度和测量范围的具体要求选用不同精确度等级的电位差计。

② 用于测量大电势或高电压的，称为高阻电位差计，测量回路电阻为 $1000\Omega/V$ 以上（即工作回路里的电流为 1mA 以下），如 UJ9、UJ9/1 型等。这种电位差计适用于测量内阻比较大的电源电势以及较大的电阻上的电压降等。例如用来校验直流电表，或测量标准电池电势等。由于工作电流小、线路电阻大，故在测量过程中工作电流变化小；但因线路灵敏度较低，故需高灵敏度的检测计。

直流电位差计还应用在热加工生产中。在热工方面可以测量温度、流量、压力和真空度等。由于它可以进行许多电量和非电量的测量，因此应用非常广泛。为了便于选用直流电位差计，在此将部分国产直流电位差计的主要技术数据列于表 4-2。

表 4-2 国产直流电位差计的主要技术数据

型号	名称	测量范围	工作电压/V	工作电流/mA	准确度等级
UJ1	低阻直流电位差计	$100\mu V \sim 1.1605V$ $10\mu V \sim 0.1615V$ $1\mu V \sim 0.016V$	1.9～3.5	32	0.05
UJ9	高阻直流电位差计	$10\mu V \sim 1.21110V$	1.3～2.2	0.1	0.03
UJ9/1	高阻直流电位差计	$10\mu V \sim 1.21110V$	1.3～2.2	0.1	0.02
UJ21	高阻直流电位差计	$1\mu V \sim 2.111110V$	2.8～4.4		0.01
UJ22-1	携带式低阻电位差计	$10\mu V \sim 110.2mV$	18	2	0.1
UJ23	携带式低阻电位差计	$10\mu V \sim 24.05mV$ $50\mu V \sim 120.25mV$			0.1 0.1
UJ24	高阻直流电位差计	$10\mu V \sim 1.61110V$	1.8～2.2	0.1	0.02
UJ25	高阻直流电位差计	$1\mu V \sim 1.911110V$	1.95～2.2	0.1	0.01
UJ26	低阻直流电位差计	$0.1\mu V \sim 22.1110mV$ $0.5\mu V \sim 110.555mV$	5.8～6.4	10	0.02
UJ27	携带式低阻电位差计	$0.05mV \sim 100mV$			0.1
UJ30	低阻直流电位差计	$0.1\mu V \sim 111.1110mV$	5.9～6.1	10	0.01
UJ31	低阻直流电位差计	$1\mu V \sim 170mV$ $0.1\mu V \sim 17mV$	5.7～6.4 5.7～6.4	10 10	0.05 0.05
UJ32	标准直流电位差计	$0.1\mu V \sim 2.1V$	6	23	0.005
UJ34	高阻直流电位差计	$1\mu V \sim 1.911110V$	1.95～2.2	0.1	0.01
308	高阻直流电位差计	$10\mu V \sim 1.21110V$	1.3～2.2	0.1	0.03
308/1	高阻直流电位差计	$10\mu V \sim 1.21110V$	1.4～2.2	0.1	0.02

4.2.3 自动平衡电子电位差计

自动平衡电子电位差计是用来测量电压信号的显示仪表。凡是能转换成电压的各种工艺参数都能用它来测量，并与电动调节器等配套，可进行自动记录和自动控制等。因此，自动平衡电子电位差计又称自动平衡记录仪，其实物图如图 4-13 所示。

（1）自动平衡电子电位差计的工作原理

电子电位差计工作原理框图如图 4-14 所示。主要由热电偶、测量电桥、放大器、可逆电机、指示记录机构、调节机构等组成。

(a) 大圆图自动平衡记录仪

(b) 中长图自动平衡记录仪

图 4-13　常见自动平衡记录仪

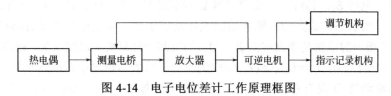

图 4-14　电子电位差计工作原理框图

　　自动平衡电子电位差计的工作原理：将热电偶输入的直流电动势（即热电势）与电桥两端的直流电压相比较，比较后的差值电压（即不平衡电压）经放大器放大后，输出足以驱动可逆电机的功率。可逆电机通过一组传动系统带动指示记录机构和测量电桥中滑线电阻相接触的滑动臂，从而改变滑动臂与滑线电阻的接触位置，直到电桥与热电偶输入信号两者平衡为止。此时放大器便无功率输出，可逆电机停止转动，与此同时电桥处于平衡状态。若热电偶的热电势再度改变，则又产生新的不平衡电压，再经放大器放大，驱动可逆电机，改变滑动臂与滑线电阻的位置，直至达到新的平衡点为止。和滑动臂相连的指示记录机构沿着有分度的标尺滑行，滑动臂的每一个平衡位置对应于指针在标尺上的某一确定读数。

　　（2）自动平衡电子电位差计的自动平衡原理

　　自动平衡电子电位差计的测量电桥如图 4-15 所示，其构成有电桥及其直流电源 E、放大器、可逆电动机 ND、测量电路等。被测物理量是电压信号 $E(T, T_0)$，该电压是热电偶的热电势，所以实际测量的物理量是温度。可逆电动机 ND 旋转时带动滑线电阻的滑动臂 D 运动，同时指示指针指示出当前被测温度值。

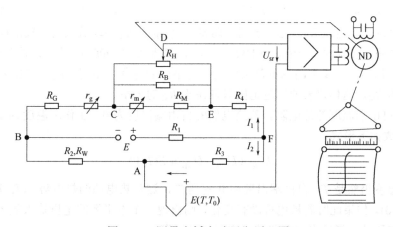

图 4-15　测量电桥自动平衡原理图

电桥输出电压 U_{DA} 由滑动臂 D 的位置决定：

$$U_{DA} = U_{DC} + U_{CB} - U_{AB} \qquad (4\text{-}9)$$

放大器的输入电压如下：

$$U_{sr} = U_{DA} - E(T, T_0) \qquad (4\text{-}10)$$

电桥平衡时 $U_{sr}=0$，得 $U_{DA}=E(T, T_0)$，故：

$$U_{DC} + U_{CB} - U_{AB} = E(T, T_0) \qquad (4\text{-}11)$$

式中，U_{CB}、U_{AB} 是常量；U_{DC} 随滑动臂 D 的位置移动而变化。

当接入被测电势 $E(T, T_0)$ 后，只要滑动臂 D 滑到适当位置，总能够使 $U_{DA}=E(T, T_0)$，$U_{sr}=0$，测量电桥处于平衡状态，放大器的输入输出电压均等于零，可逆电动机没有驱动电压而停止转动，此时指针指示的值就是当前被测温度值。如果某一时刻被测温度增加、被测电势 $E(T, T_0)$ 增加，则 $U_{DA}<E(T, T_0)$，$U_{sr}=U_{DA}-E(T, T_0)$ 成为负值，放大器输出电压成为负值，可逆电动机逆向转动带动滑动臂 D 向右移动导致 U_{DC} 增加即 U_{DA} 增加。随着 U_{DA} 增加，U_{sr} 向零靠近，可逆电动机逆向转动速度降低；当 U_{DA} 增加到使 $U_{DA}=E(T, T_0)$、$U_{sr}=0$ 时，可逆电动机停止转动，此时指针指示的值就是被测温度增加以后的温度值。反之亦然。

（3）测量电桥中各电阻的作用及要求

起始电阻 R_G+r_g 是决定仪表刻度起始点（零位）的电阻，用锰铜电阻丝绕制，在不同下限的仪表中有不同的阻值，下限越高，R_G 越大。一般把起始电阻分作 R_G 和 r_g 两部分串联而成。r_g 可作为微调，这样既便于调整，又能降低对 R_G 的精度要求。调校时，若增大 r_g，则仪表指针向标尺下限方向偏移。

R_M+r_m 称为测量范围电阻，其中 r_m 是供微调用的电阻。仪表指示下限时滑动臂 D 滑到左端，仪表指示上限时 D 滑到右端，可见滑线电阻 R_H 两端的电压大小代表了仪表测量值的范围，即：

$$U_{EC} = E_2 - E_1 \qquad (4\text{-}12)$$

式中　E_1——仪表量程的下限值；

　　　E_2——仪表量程的上限值。

为了测量不同的量程，就需要制造不同数值的滑线电阻，而且要求电阻值很准确，结构尺寸也一样，这在制造工艺上是比较困难的。为了有利于成批生产，只绕制一种规格的滑线电阻，另外再做一个电阻 R_B，通过选配、调整，使 R_B 与 R_H 并联后成为比较准确的电阻，通常 R_B 与 R_H 并联后的阻值等于 $(90\pm0.1)\Omega$，R_B 与 R_H 并联后的 90Ω 电阻已成通用件。R_B 与 R_H 并联后的阻值仍然不是要求的测量范围电阻，对不同的量程、不同分度号的仪表，还需要并联大小不同的 R_M，这样仪表的测量范围只取决于 R_M 的大小。

R_W 称为自由端温度补偿电阻。若热电偶的自由端温度为 0，工作端温度为 T，则平衡式（4-11）可写成如下形式：

$$U_{DC} + U_{CB} - U_{AB} = E(T, 0) \qquad (4\text{-}13)$$

若被测温度仍然是 T，自由端温度由 0 变到 T_1，这时热电偶的热电势 $E(T, T_1)$ 比 $E(T, 0)$ 减小了 $E(T_1, 0)$。如果此时测量电桥没有变化，则出现一个不平衡的电压输入放大器，电动机带动滑点向左移动，指针也向左移动，实现自动平衡：

$$U_{\mathrm{DC_1}} + U_{\mathrm{CB}} - U_{\mathrm{AB}} = E(T, T_1) \tag{4-14}$$

由于 $E(T, T_1)=E(T, 0)-E(T_1, 0)$，相应地存在等式：

$$U_{\mathrm{DC_1}} = U_{\mathrm{DC}} - \Delta U_{\mathrm{DC}} \tag{4-15}$$

限流电阻 R_4 为上支路限流电阻。R_{H}、R_{B}、R_{H} 并联后与 R_4 串联，其总电阻值要保证上支路电流 $I_2=4\mathrm{mA}$。

R_3 称为下支路限流电阻。当 R_2 为一定值时，R_2 与 R_3 串联保证下支路电流 $I_2=2\mathrm{mA}$。这是设计这种电桥时所规定的。

4.3　函数记录仪

函数记录仪是一种通用的自动平衡记录仪表，它主要用于记录变化较慢的模拟量。按其所记录信号的函数形式，函数记录仪可以记录的信号分为两种：一种是随时间变化的函数 $y=f(t)$；另一种是两个变量之间的函数关系 $y=f(x)$。对于多笔记录仪，还可以记录几个变量随时间变化的函数关系。

4.3.1　函数记录仪的自动平衡原理

（1）$y=f(t)$ 时间函数记录仪

函数记录仪（自动平衡式时间函数记录仪）主要是由测量电路、放大器、滤波器、伺服电动机、平衡滑线电阻等部分组成。图 4-16 为 $y=f(t)$ 自动平衡式时间函数记录仪线路原理图，其构成有直流电源 U、平衡滑线电阻 R_{W}、测量电阻 R_{s}、分压电阻 R_{f}、放大器、可逆电动机 ND、记录笔等。被测信号是 U_{sr}。可逆电动机旋转时带动滑线电阻 R_{W} 的滑动臂 D 移动的同时带动记录笔左右移动。记录笔按照一定的速度向下移动。

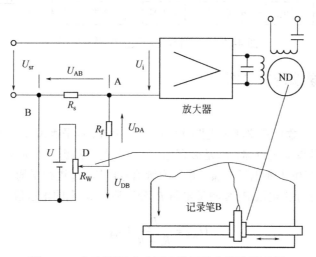

图 4-16　自动平衡式时间函数记录仪线路原理图

在滑线电阻的两端加电源 U，滑线电阻的滑动臂 D 移动时产生的电压 U_{DB} 加在 R_{f}、R_{s} 串联电路之间，U_{DB} 在 R_{f}、R_{s} 上的分压分别是 U_{DA}、U_{AB}，U_{AB} 称为平衡电压。

放大器的输入电压：

$$U_i = U_{AB} - U_{sr} \qquad (4\text{-}16)$$

当接入被测电势 U_{sr} 以后，滑动臂 D 滑到适当位置形成的平衡电压 U_{AB} 能够使 $U_{AB}=U_{sr}$，$U_i=0$，测量系统处于平衡状态，放大器的输入、输出电压均等于零，可逆电动机没有驱动电压而停止转动，此时记录笔没有左右移动而按照一定的速度向下运动，在记录纸上记录当前被测信号 U_{sr} 的值。如果某一时刻被测信号 U_{sr} 增加，则 $U_{AB}<U_{sr}$，$U_i=U_{AB}-U_{sr}$ 成为负值，放大器的输入电压成为负值，放大器的输出电压驱动可逆电动机逆向转动带动记录笔 B 记录被测信号，同时带动滑动臂 D 向上移动导致平衡电压 U_{AB} 增加。随着 U_{AB} 增加，U_i 向零靠近。当 U_{AB} 增加使 $U_{AB}=U_{sr}$，$U_i=0$ 时，可逆电动机停止转动。反之亦然。

U_{AB} 的大小和 R_W 上的滑动臂 D 移动的位置相对应，而记录笔又和滑动臂同步运动，因此记录笔每一瞬时的位置都反映了被测信号 U_{sr} 的相应数值，记录笔所记录下的整个曲线反映了被测信号 U_{sr} 的连续变化过程。

（2）$x\text{-}y$ 函数记录仪

图 4-17 表示 $x\text{-}y$ 函数记录仪工作原理。在 $x\text{-}y$ 函数记录仪中，因为有 x 和 y 两个被测信号，所以记录仪设置了两个独立的测量系统。一个测量系统使记录笔沿 x 轴方向移动，另一个测量系统使记录笔沿 y 轴方向移动。单个系统的工作原理和 $y=f(t)$ 时间函数记录仪是一样的。就 $x\text{-}y$ 函数记录仪而言，记录笔每一瞬时的位置反映了被测信号 x、y 的函数关系，它所记录的曲线就是被测信号 $y=f(x)$ 的连续变化过程。

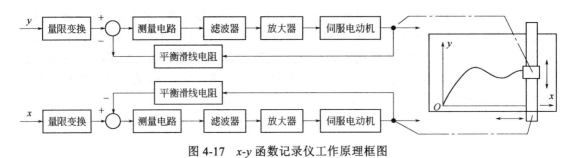

图 4-17　$x\text{-}y$ 函数记录仪工作原理框图

4.3.2　函数记录仪的主要组成

（1）测量电路

图 4-18（a）是函数记录仪测量电路线路图，图中 R_W 是平衡滑线电阻，R_s 是测量电阻，R_f 是分压电阻，R_0 是调零电位器，R_e 是微调电位器，U 是电压源，R_L 是电压 U_{DB} 的负载电阻。由基准稳压电源 U 产生平衡电压 U_{AB}，并与测量信号电压 U_{sr} 进行平衡。平衡电压 U_{AB} 是 D、B 两点电压 U_{DB} 经过分压电阻 R_f 和测量电阻 R_s 分压后在 R_s 上的电压值。

$$U_{AB} = \frac{R_s}{R_f + R_s} U_{DB} \qquad (4\text{-}17)$$

当仪表满度（由 R_e 调节）和零位（由 R_0 调节）调好后，平衡电压 U_{AB} 只随滑动臂 D 的位置变化。当 R_0 的 B 点调节到电源 U 的零点即 C 点时，$U_{DB}=U_{DC}$，电路线路图可简化成图 4-18（b）形式。若忽略平衡滑线电阻的输出负载电阻 R_L 并联的影响，平衡电压 U_{DC} 计算式为：

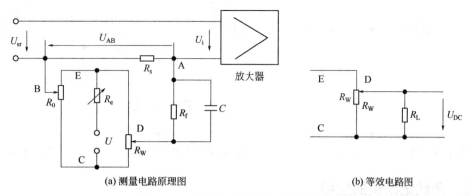

(a) 测量电路原理图   (b) 等效电路图

图 4-18 函数记录仪测量电路线路图

$$U_{DC} = U_{EC} \frac{R_W S}{R_W S + R_W (1-S)} = U_{EC} S \qquad (4\text{-}18)$$

式中，U_{EC} 是线路图中 E、C 两点之间的电压；S 是平衡滑动电阻 R_W 的滑动臂（D 点）与 C 点之间的电阻占 R_W 总电阻的比例。

由于 R_0 的 B 点调节到 C 点时 $U_{DB}=U_{DC}$，所以当测量线路平衡时 $U_i=U_{AB}$，将式（4-18）代入式（4-17）得：

$$U_i = U_{AB} = S \frac{U_{EC} R_s}{R_f + R_s} \qquad (4\text{-}19)$$

测量信号 U_i 和 S 呈线性关系，如果把记录纸坐标线按 S 分格，则记录笔在记录纸上记录下的信号大小就可以按坐标格值进行读取。

（2）伺服放大器

输入仪表的测量信号一般都很微小，它不能直接驱动伺服电动机转动，因而必须用伺服放大器将该测试信号放大。

为保证仪表稳定准确地工作，对伺服放大器有以下要求：

① 应具有较高的灵敏度和放大倍数；

② 应通过适当的校正措施，保证系统闭环性能稳定；

③ 放大器应该具有较小的时间常数、输出阻抗、内部噪声以及放大器对测量信号的相位移，而放大器应该具有较大的输入阻抗。

（3）量限变换器

函数记录仪作为测量仪表，其量限应该有大小不同的挡位，以供测量时根据测量信号的变化幅值范围来选用。量限变换器就是用来变换测量范围的。对变换器的要求是变换倍率的精度要高、性能要稳定、输入阻抗要大、对系统的影响要小。常用的量限变换方法有两种：一种是用衰减器将被测信号进行衰减，使衰减以后的信号在仪表的基本量限内，衰减器的衰减线路如图 4-19 所示；另一种方法是通过改变测量线路中的测量电阻 R_s 以达到改变仪表的基本量限，图 4-20 为改变电阻 R_s 扩大仪表量限的原理图，图中 R_x 是信号源电阻，E_x 是信号源电势。

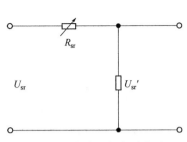

图 4-19　衰减器的衰减线路

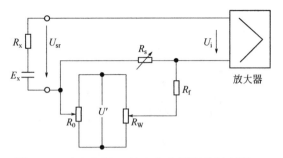

图 4-20　改变电阻 R_s 扩大仪表量限的原理图

4.3.3　函数记录仪的应用

函数记录仪在设计中采用了随动系统式的自动平衡原理，因此具有记录幅面大、灵敏度高、精度高、速度快等特点，常用于自动记录磁性材料的 B-H 曲线、电阻材料的温度系数曲线、电子管或晶体管特性曲线、电子器件的频率特性曲线以及任何参数的函数关系曲线。如果配上各种非电量-电量转换器，则函数记录仪还用来测量和描绘温度、应力、流量、液位、力矩、速度、应变、位置振动以及其他任何物理量的函数关系，如材料试验机中的应力和应变的函数曲线、液压泵中的压力和流量的函数关系等。

4.4　电阻应变仪

电阻应变仪是利用电阻应变片将被测应变转换成电阻变化率，应变一般在 $10\times10^{-6}\sim6000\times10^{-6}$，所以电阻变化率较小。电阻应变仪可用来测量材料在动、静态载荷作用下应力和应变的大小，也可以配合应变式电阻传感器组成电桥，对传感器输出的微弱电信号进行放大、滤波而得到被测信号的模拟电压（电流），再由记录仪表进行记录或送入计算机进行分析处理。

4.4.1　电阻应变仪的分类

电阻应变仪可分为静态电阻应变仪和动态电阻应变仪两大类。静态电阻应变仪主要用于对静态应变（即应变不随时间而变化）的测量。动态电阻应变仪用于对动态应变的测量。在实际选用时还可以根据应变的频率细分为以下几种。

① 静态电阻应变仪：它是用于静态应变测量。仪器本身有预调平衡箱，可间断地进行多点静态应变测量。如 YJ-5 型、YJB-1 型静态电阻应变仪。

② 静动态电阻应变仪：它主要用于静态应变测量，但也可以进行频率低于 200 Hz 的单点动态应变测量。仪器本身配有预调平衡箱，可间断地进行多点静态应变测量。如 YJD-1 型电阻应变仪基本上是静态电阻应变仪，但也可兼作单点低频率动态应变测量。

③ 动态电阻应变仪：它适用于频率低于 5000 Hz 的动态应变测量。该电阻应变仪常做成多通道，即可以同时测量数个动态应变信号。如 Y6D- 3A 型、YD - 15 型动态电阻应变仪。

④ 超动态电阻应变仪：它主要用于频率高达数千赫至数百千赫的动态应变测量。如爆炸、高速冲击应变测量中的 Y6C-9 型超动态电阻应变仪。

4.4.2　电阻应变仪的结构及工作原理

（1）静态电阻应变仪的结构及工作原理

静态电阻应变仪主要由电桥（测量电桥、读数电桥两部分组成）、振荡器、交流放大器、相敏检波器、指示电表、电源等部分组成。图 4-21 为静态电阻应变仪工作原理框图。测量时，粘贴在被测构件上的应变片连接在测量电桥上，当构件受载发生变形时，粘贴在构件上的应变片的电阻要发生变化，它将对来自振荡器的载波（即一定频率的交流电）进行调制，在测量电路上将输出一个振幅与应变成比例、频率与载波相同的调幅波。调制的调幅波经过交流放大器进行必要的放大，再经过相敏检波器对调幅波进行解调，最后输入指示电表。从指示电表偏转的大小和方向就可反映出被测应变的性质和大小。

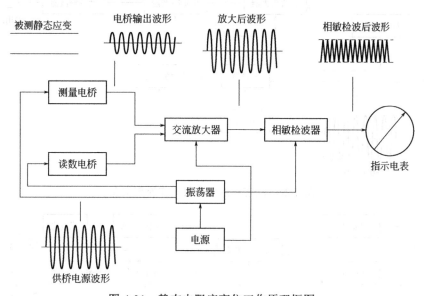

图 4-21　静态电阻应变仪工作原理框图

（2）动态电阻应变仪的结构及工作原理

动态电阻应变仪主要由测量电桥、标定电路、振荡器、放大器、相敏检波器以及滤波器、电源等部分组成。图 4-22 为动态电阻应变仪工作原理框图。测量时，被测信号（即电压信号）经过测量电桥调制后输出调幅波，再经交流放大器放大、相敏检波器解调等，其工作原理和静态应变仪相同。不同的是在动态测量中，被测信号的频率是变化的，通过相敏检波器解调后，得到的不是原信号波形的原形，必须再经低通滤波器将被测应变信号以外的频率成分（信号）滤去，以得到原信号波形。故动态电阻应变仪在相敏检波器后增设了低通滤波器。其次，在动态应变仪中还增设了标定电路，用作标定（度量）被测波形（信号）所对应的应变数值的基准。动态应变仪常常是在同一工作时间范围内要对多个动态应变的变化进行测量，要对所测量的应变信号（波形）进行分析、比较，就需要采用一个统一的基准来进行度量。标定电路正是为这一目的而设置。

图 4-22 表示的仅是一个通道的动态电阻应变仪工作原理框图。多通道动态电阻应变仪的原理和单通道动态电阻应变仪的原理是完全相同的，它们共用一个振荡器。由于动态电阻应变仪所测得的信号频率较高，它不能直接读出被测量数值的大小，必须和记录仪表（例如光

线示波器、磁带记录仪等）配合以记录被测的应变信号。图 4-23 所示为带有两种输出端装置的动态电阻应变仪。低阻输出端输出电流信号，配用光线示波器作为记录仪器；高阻输出端是输出电压信号，配用磁带记录仪作为记录仪器。

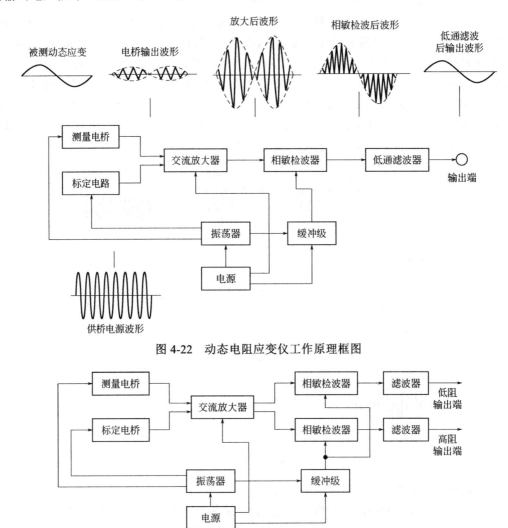

图 4-22　动态电阻应变仪工作原理框图

图 4-23　多通道动态电阻应变仪工作原理框图

4.4.3　电阻应变仪主要组成部分及作用

（1）电桥

电桥是应变片电阻变化的基本测量电路。通过它可以把应变片微小的电阻变化转化成电压变化的电信号。这种电桥的最大优点是电路结构简单、精度高、使用方便，并且具有较好的线性和稳定性，能准确、可靠地测量微小的电阻变化。考虑到连接在电桥上的应变片、导线的电阻和电抗数值上的差异，电桥的初始状态往往是不平衡的。因此在仪器中都要设置电桥调平衡的装置。为了保证静态电阻应变仪能够准确地读数（被测信号的数值大小）和动态电阻应变仪能够准确地标定，要求读数电桥和标定电桥上的固定电阻及可变电阻的温度系数小、稳定、精确。这是因为它们对电桥以致整个电阻应变仪工作稳定性影响很大；再者，电阻应变仪电桥还设置了灵敏度系数调节装置，以适应使用不同灵敏度系数的应变片。

（2）放大器

通常电桥输出的信号是非常微弱的，一般在几十微伏到几十毫伏范围内。为了能指示或记录被测信号，须对这一微弱信号进行必要的放大。在应变仪中大多采用交流供桥载波放大。所谓载波放大，就是用音频载波电源作为测量电桥的供桥电源，使被测量的频率范围提高到放大器的工作频带，其实质是将高频载波信号与调制信号相乘，期间载波的幅值发生了变化，但这种变化融合了调制信号的相关信息。

在电阻应变仪中为使指示仪表或记录仪表准确地指示或记录被测的信号，要求放大器具有足够大的放大倍数和输出功率。一般放大倍数在 $5 \times 10^4 \sim 10 \times 10^4$。此外，放大器还需要考虑要有较好的稳定性和一定范围内的线性，以保证放大器正常工作。这是由于放大器放大倍数的变化会直接引起输出电流的漂移。在动态应变仪的输入端常设置一衰减器，当输入信号太大时，可按一定比例衰减信号，使其在放大器线性工作范围之内放大。

（3）振荡器

振荡器主要是为电桥桥路提供一定频率的正弦交流电作为桥路电源，与此同时也为相敏检测器提供参考电压。对于静态电阻应变仪，其振荡器的频率一般选择在 50Hz～2000Hz 范围。对于动态电阻应变仪，振荡器的频率视工作频率不同而不同，一般在 5kHz～50kHz 之间。静态电阻应变仪的载波频率应尽量低一些，目的在于减少桥臂上由于导线分布电容产生的影响，从而提高稳定性。动态电阻应变仪的载波频率和被测动态应变频率上限有关，一般载波频率选取被测应变频率上限的 5～7 倍。

（4）相敏检波器

被测信号经放大器放大输出的是一个经过调制的调幅波，为得到被测信号的原形，需要对被调制的信号（调幅波）进行解调。通过相敏检波器可以得到一包络线与被测信号波形一致但仍包含有载波频率等高频成分的波形，然后经过低通滤波器滤去波形中的高频成分，就可得到信号波形的原形。相敏检波器和普通检波器相比较，最大的特点是它不仅能反映被测信号的大小，而且能辨别信号的相位，这对动态电阻应变仪进行动态应变测量是必不可少的。

图 4-24 是一般动态应变下载波调制输出和相敏检波输出的波形图。相敏检波器的输出波形均为一系列的峰波。为使峰波的包络线能真实地反映出被测量的变化过程，则希望峰波越密越好，即希望其载波频率要高，这是载波频率 ω 为调制信号最高频率的 7～10 倍的原因。同时，经相敏检波后的峰波可被认为是由被测物理量的低频谐波和更高次的谐波成分所组成，其低频成分（包络线）才是被测量的变化过程。

（5）滤波器

低通滤波器常跟随在相敏检波器后面，它对高于被测信号的频率衰减很大，而对在被测信号频率范围以内的频率衰减很小，因此它能对通过相敏检波器解调后但仍包含有载波频率和其他高频成分的波形进行衰减，最后得到被测信号的原波形。常用的滤波器由 RC 电路或 LC 电路做成。图 4-25 为 RC 低通滤波器的基本电路，该电路的时间常数为 $\tau = RC$，截止频率为 $f_c = 1/(2\pi RC)$。

利用电感的感抗与频率成正比、电容的容抗与频率成反比的特性，以电感作串臂、电容作并臂构成如图 4-26 所示的电路，这就组成 LC 滤波器。由于电感对高频的阻流作用和电容对高频的分流作用，它可以使较低频率的信号通过，而抑制了高频的噪声和干扰。

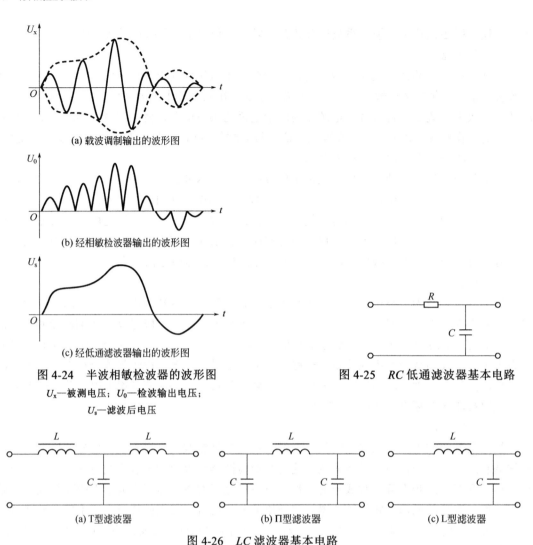

图 4-24　半波相敏检波器的波形图

U_x—被测电压；U_0—检波输出电压；
U_s—滤波后电压

图 4-25　RC 低通滤波器基本电路

(a) T型滤波器　　(b) Π型滤波器　　(c) L型滤波器

图 4-26　LC 滤波器基本电路

（6）电源

电源为放大器、振荡器等提供直流电源。为保证仪器稳定地工作，要求电源输出的电压稳定、波形小。它可以使用交流电经整流滤波、稳压得到，也可以由电池直接作电源。

4.5　数字式显示仪表

数字式显示仪表是以数字形式直接显示出测量结果的仪表，具有测量精度高、灵敏度高、显示速度快等优点。数字式仪表经历了机械式、机电式与全电子式的发展过程。目前，大量使用的是带 LED 和 LCD 等数字显示器件的数字式显示仪表，它能与各种类型的检测器、变送器和标准化电流、电压信号配接，完成对被测信号的测量、显示、报警和调节控制，应用较为广泛的有数字式温度显示仪表、数字式压力显示仪表及流量显示仪表等，如图 4-27 所示。数字式温度显示仪表一般直接配接热电偶或热电阻等温度传感器，因温度传感器本身为非线性的，因此，仪表内部需增加进行非线性补偿的电路，以使显示值能准确地反映被测原始物理量温度，故结构稍复杂。数字式压力显示仪表及流量显示仪表一般配接压力变送器或差压变送器（或其他压力、流量传感器），这类传感器的输出信号多为 0～10mA 或 4～20mA 的直流标准信号，其输出与输入之间的线性较好，因此数字式显示仪表的输出（即显示值）与输入（即传感器输出）之间的关系也可为线性的，仪表的组成较简单。

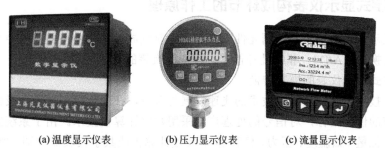

(a) 温度显示仪表　　　　(b) 压力显示仪表　　　　(c) 流量显示仪表

图 4-27　数字式显示仪表

4.5.1　数字式显示仪表的特点及构成

数字式显示仪表具有如下特点：

① 准确度高，其准确度能达到±0.05%；

② 读数准确，采用数字显示，不存在指针式仪表读数时的视差；

③ 测量过程自动化，测量中的量程选择、结果显示、记录、输出完全可以自动进行，还可以自动检查故障、报警以及完成指定的逻辑程序；

④ 可联机操作，与计算机配合，作为一个计算机的外部设备进行数据采集；

⑤ 可在恶劣条件下工作，具有耐冲击、耐过载、耐振动、耐高温等优点。

数字式显示仪表的组成框图如图 4-28 所示，其构成环节有检测元件、变送器、前置放大器、模数转换器（A/D）、非线性补偿器、标度变换、显示装置等。

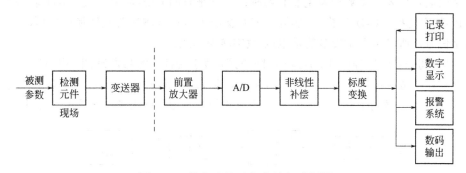

图 4-28　数字式显示仪表的组成框图

数字式显示仪表的基本工作过程：被测参数经检测元件和变送器转换成相应的电信号后，首先输入到数字式显示仪表的前置放大器进行放大，然后经 A/D 转换成为数字信号。由于输入到前置放大器输入端的电模拟量与被测参数之间可能具有非线性关系，而仪表显示的数字与被测参数之间应是一一对应的比例关系，所以，在数字式显示仪表中设有非线性补偿和标度变换环节，以便对测量信号进行线性化处理和对各种比例系数进行标度变换。经过上述处理的数字信号送往显示器中进行显示，或通过打印机打印记录下来，也可送往报警系统或以数码形式输送给其他计数装置。对于具体仪表而言，也可以先进行线性化处理和标度变换，然后再进行 A/D 转换；还可以将 A/D 转换与非线性补偿同时进行，然后再进行标度变换，最后再送往显示器。

4.5.2　数字式显示仪表构成环节的工作原理

数字式显示仪表结构中的检测元件、变送器、前置放大器在模拟式仪表中也有，本节主要介绍模数转换器（A/D）、非线性补偿器、标度变换等的工作原理。

（1）数字式显示仪表的模数转换

随着数字技术，特别是信息技术的飞速发展与普及，在现代控制、通信及检测等领域，为了提高系统的性能指标，对信号的处理广泛采用数字计算机技术。由于系统的实际对象往往都是一些模拟量（如温度、压力、位移等），要使计算机或数字仪表能识别、处理这些信号，必须首先将这些模拟信号转换成数字信号；而经计算机分析、处理后输出的数字也往往需要将其转换为相应模拟信号才能为执行机构所接收。这样，就需要一种能在模拟信号与数字信号之间起桥梁作用的电路——模数转换器和数模转换器。

将模拟信号转换成数字信号的电路，称为模数转换器（简称 A/D 转换器，Analog to Digital Converter）；将数字信号转换为模拟信号的电路称为数模转换器（简称 D/A 转换器，Digital to Analog Converter）。A/D 转换器和 D/A 转换器已成为信息系统中不可缺少的接口电路。

A/D 转换可分为 4 个阶段：采样、保持、量化和编码。

采样就是将一个时间上连续变化的信号转换成时间上离散的信号；保持是将时间离散、数值连续的信号变成时间连续、数值离散的信号；量化是将时间连续、数值离散的信号转换成时间离散、幅度离散的信号；编码是将量化后的信号编码成二进制代码输出。

A/D 转换过程通常是合并进行的。例如，采样和保持就经常利用一个电路连续完成，量化和编码也是在保持过程中实现的。

数字式显示仪表的模数转换主要有两种：一种是时间间隔-数字转换（T-D 转换）；另一种是电压-数字转换（U-D 转换）。实际上多数情况下是将被测量首先转换成电压，然后再转换成数字信号，所以用得比较多的是电压-数字转换形式。

① 时间间隔-数字转换　图 4-29 是时间间隔-数字转换的测量原理图。由晶体振荡器、倍频器及分频器形成标准脉冲序列 A，其周期时间为 T。B、C 输入端作为门控双稳触发电路的触发信号，用 B 信号的上升沿触发门控双稳电路使其输出，D 由低电平变为高电平从而打开

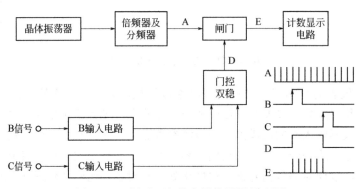

图 4-29　时间间隔-数字转换测量原理图

闸门，A 信号通过闸门，计数器开始计数标准脉冲序列 A；用 C 信号的变化去关闭闸门，输出 D 由高电平变为低电平从而关闭闸门，A 信号被闸门阻断，计数器停止计数。若计数值为 N，则表示闸门打开时间为 NT，它就是 B、C 两信号的时间间隔。另外，利用计数器也可以测量周期时间、脉冲频率等信号。

② 电压-数字转换　电压-数字转换的原理有逐次逼近式、双积分式、计数器式等。图 4-30 是逐次逼近式 A/D 转换原理图。启动 A/D，置位控制逻辑电路首先将 N 位寄存器最高位 D_{N-1} 置"1"，此时 $D_{N-2}=D_{N-3}=\cdots=D_2=D_1=D_0=0$，该数字量经 D/A 转换成模拟量 V_s 后与待转换的模拟量 V_x 在比较器中进行比较，若 $V_x>V_s$ 则保留这一位，否则该位清零，这样 D_{N-1} 就确定了。然后使 D_{N-2} 置"1"，此时 D_{N-1} 已确定，$D_{N-2}=D_{N-3}=\cdots=D_2=D_1=D_0=0$，该数字量经 D/A 转换成模拟量 V_s 后与待转换的模拟量 V_x 在比较器中进行比较，若 $V_x>V_s$ 则保留这一位，否则该位清零，这样 D_{N-2} 也就确定了。按此原理，继续将 D_{N-3}，…，D_2，D_1，D_0 确定下来，N 位全部确定以后"DONE"信号由低电平变为高电平，告知 A/D 将模拟信号已经转换成数字信号，转换成的数字量在 N 位寄存器中，可以读取该数字量。

（2）信号的标准化及标度变换

待测物理量是多种多样的，即使是同一种物理量，由于选用不同的测量元件及变换装置，测得的信号也可能不同。例如，用热电偶测温得到的是电势信号，用热电阻测温得到的是电阻信号。其次测得的信号幅值也可能不同，有的是毫伏级信号，有的可能是伏级信号。因此需要将这些不同性质的信号及其大小统一起来，这就是输入信号的标准化。由于各种信号变换成电压信号比较方便，所以标准化输出信号通常是电压信号。我国目前采用的标准化直流电平信号有：0～10mV、0～30mV、0～50mV 等几种。

选定标准化直流电平信号以后，对于数字电压表来讲，经 A/D 转换及显示就是测得的电压值。对于测量温度、压力等物理量的情况，需要进行量纲还原，这个过程就称作标度变换。以热电阻测温为例，介绍模拟量热电阻信号的标度变换的问题。图 4-31 为热电阻-电压变换桥路，该电路通常用电桥将热电阻的变化转变为电压输出。

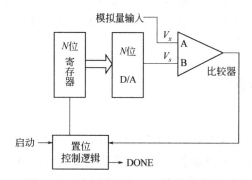

图 4-30　逐次逼近式 A/D 转换原理图

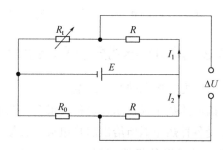

图 4-31　热电阻-电压变换桥路

供桥电压为 E，热电阻为 R_t，其他桥臂电阻分别是 R、R、R_0。设当被测温度处于下限时，$R_t=R_{t0}=R_0$。于是被测温度变化时电桥输出电压为：

$$\Delta U = \frac{E}{R_t + R}R_t - \frac{E}{R_0 + R}R_0 = \frac{E}{R_0 + R}(R_t - R_0) = I \cdot \Delta R_t \qquad （4-20）$$

式中，$I=E/(R_0+R)$；$\Delta R_t=R_t-R_0$。从热电阻变换为电压输出的表达式表明，通过改变电桥的参数就能够实现标度变换。

（3）信号的非线性补偿

对于用热电阻测量温度，将温度变换为电阻的变化时，理想的情况应该是电阻的变化与温度成良好的线性关系，而实际上可能存在非线性关系。这种非线性关系将影响测量显示的数据的准确性。为此，采用非线性补偿的办法提高测量的准确性。

① 模拟式线性化　模拟式线性化在 A/D 之前进行。这种线性化分为开环线性化及闭环线性化。开环线性化的特点是线路比较简单，如图 4-32 所示，被测物理量 x 经传感器变换成 U_1，设这个变换存在非线性关系。为了补偿传感器的非线性，加入线性化器，其输出 U_0 与输入 U_2 之间具有非线性特性，其非线性特性应该与传感器的非线性特性是互反的关系，这样利用线性化器的非线性特性可以补偿传感器的非线性特性，使 U_0 与 x 之间成为线性关系。

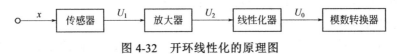

图 4-32　开环线性化的原理图

闭环线性化的原理如图 4-33 所示，它是利用反馈补偿原理，引入非线性的负反馈环节，补偿传感器的非线性，使输出 U_0 与被测物理量 x 之间成线性关系。

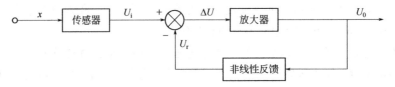

图 4-33　闭环线性化的原理图

② 数字式线性化　数字式线性化在 A/D 之后进行。基本原理：根据数字量的大小及其变化斜率将其分成几个区间，每个区间具有不同的斜率，不同斜率的区间乘以不同的系数，这样线性化以后的数据与测量的物理量之间具有线性关系。

4.5.3　常用数字式显示仪表的类型和使用

（1）配热电偶的数字式温度表

国产的数字式显示仪表种类很多，其中配热电偶的数字式温度表是最为常用的一种。它能接受各种热电偶所给出的热电势，直接以四位或五位数字显示出相应的温度数值，同时能给出所示温度的机器编码信号，供打印机打印记录或屏幕显示，还可以提供所示温度为 $1mV/℃$ 的模拟电压信号供温度调节器用。

图 4-34 为配热电偶的数字式温度表原理示意图。被测参数首先由热电偶检测出来，并转换成电信号（热电势），经放大、线性化处理和标度变换后，送至 A/D 转换器，转换成数字信号存放到寄存器，最后经数字字符七段码译码后，由数码管显示出相应的被测温度数值。（线性化处理也可放在 A/D 转换后再进行。）

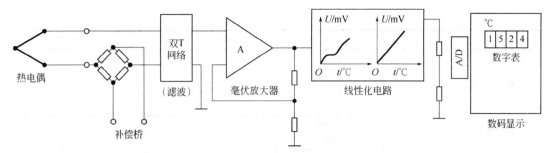

图 4-34 配热电偶的数字式温度表原理示意图

（2）微机化数字显示仪

微机化数字显示仪是一种智能化仪表，可以对单参数和多参数的被测参数进行数字显示、打印和记录，还能自动校正零点、自动变换量程及计量单位、自动校正误差，此外，还可以自动进行数据处理、自动消除错误的数据与干扰信号、自动诊断故障等。

图 4-35 为微机化数字显示仪表原理框图，其工作原理为：首先由微处理器 CPU 发出切换控制信号，该信号经输入、输出接口（I/O 接口）控制有多路选通输入的 A/D 转换器，选通某一被测参数信号。输入信号经变换电路后送至 A/D 转换电路，再经 I/O 接口输入到 CPU 进行数据处理。经过数据处理后的信号送到显示缓冲单元。信号轮流地被取送到数码显示器进行动态数字显示，也可启动打印机进行打印记录，还可将输入信号存放在 RAM 存储器，或者经过 D/A 转换器转换后输出模拟量。

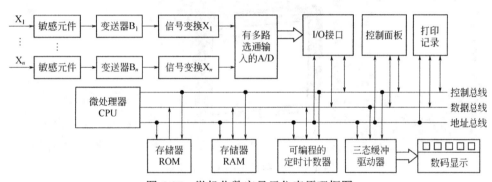

图 4-35 微机化数字显示仪表原理框图

（3）XMZ 系列数字显示仪表

XMZ 系列数字显示仪表主要是与热电偶、热电阻连接用于测量温度，也可以与能够输出直流标准信号的各种传感器连接进行测量及数字显示。XMZ 系列数字显示仪表的型号及技术数据见表 4-3。

表 4-3　XMZ 系列数字显示仪表的型号及技术数据

数字显示仪表型号	输入信号	标准量程/℃	主要技术参数
XMZ、XMZA、XMZH-101	E	0～800	精度：±0.5% 电源：220V，AC 环境温度：0～40℃ 环境湿度：<85%RH
	K	0～800	
	K	0～1300	
	S	0～1600	
	B	0～1800	
	T	0～400	
	J	0～800	

数字显示仪表型号	输入信号	标准量程/℃	主要技术参数
XMZ、XMZA、XMZH-102	Cu50 Cu100 Pt100 Pt100	−50~150 −50~150 −100~200 −200~500	
XMZ、XMZA、XMZH-103	0~20mV 0~50mV		
XMZ、XMZA、XMZH-104	30~350Ω		
XMZ、XMZA、XMZH-105	0~10mA 4~20mA		

4.6 无纸记录仪

无纸记录仪是以 CPU 为核心、采用液晶显示的记录仪，如图 4-36 所示。它采用常规仪表的标准尺寸，是简易的图像显示仪表，属于智能显示仪表的范畴。

图 4-36　几种常见的无纸记仪录

无纸记录仪无纸、无笔，内部无任何传统记录仪的机械传动部件，避免了纸和笔的消耗与维护。它内置了大容量的存储器 RAM，可以存储多个变量的历史数据，将记录信号转化成数字信号后，送入存储器保存并在大屏液晶显示器上加以显示。它能够显示过程变量的百分值和工程单位的当前值、历史趋势曲线、报警状态、流量累计值等，提供多个变量的同时显示值。它可对记录信号在显示屏上随意放大或缩小，必要时可与计算机连接将数据进行打印或进一步处理。

4.6.1 无纸记录仪的基本结构

无纸记录仪的结构原理框图见图 4-37，主要由主机板、LCD 图形显示屏、键盘、供电单元、输入处理单元等部分组成。

主机板是无纸记录仪的核心部件，包括中央处理器 CPU 和只读存储器 ROM 及随机存储器 RAM 等。CPU 包括运算器和控制器，实现对输入变量的运算处理，并负责指挥协调无纸

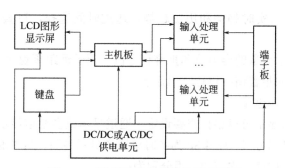

图 4-37　无纸记录仪的结构原理框图

记录仪的各种工作；ROM 和 RAM 是无纸记录仪必备的数据信息存储装置，ROM 中存放支持仪表工作的系统程序和基本运算处理程序，如滤波处理、开方运算、线性化、标度变换等程序，这些程序已由生产厂家固化在存储器中，用户不能更改；RAM 中存放过程变量的数值，包括输入处理单元送来的原始数据、CPU 中间运算值和变量工程单位数值，其中主要是过程变量的历史数据。对于各个过程变量的组态数据如记录间隔、输入信号类型、测量范围、报警上限和下限等均存在 RAM 中，允许用户根据需要随时进行更改。

4.6.2　无纸记录仪的界面显示

某种无纸记录仪的显示界面见图 4-38，它的操作画面可以充分发挥其图像显示的优势，实现多种信息的综合显示。

（1）通常无纸记录仪的显示内容

① 过程变量的数字形式双重显示，即同一变量既能以工程单位数值显示，又能以百分数形式显示；

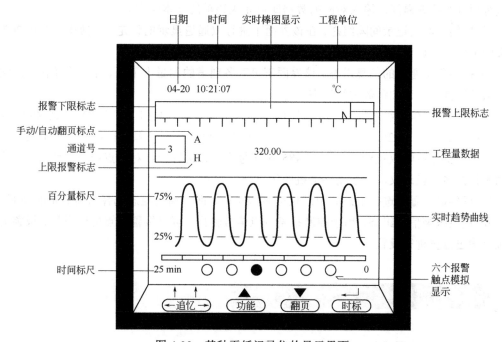

图 4-38　某种无纸记录仪的显示界面

② 能够显示变量的实时趋势和历史趋势，通过时间选择，可查看某段时间内变量的变化情况；

③ 以棒图形式显示变量的当前值和报警设定值，便于远距离观察；

④ 对各通道变量的报警情况进行突出显示。

（2）无纸记录仪的通道显示

无纸记录仪的界面显示可以根据需要设定单通道显示或多通道显示。单通道显示是无纸记录仪使用中常用的显示方式，图 4-38 为实时单通道显示界面，其周围已标明各显示区的功能。最下部为各种操作按键，它们的作用分别为：

① "追忆"键为左右双键。每按一次追忆键中的"←"键，手动/自动翻页就切换一次，显示出相应的 A 或 M（实时机通道显示时，追忆键"→"不起作用）。

② "功能"键为随时更换界面显示类型键，可实现单通道趋势显示、双通道追忆显示、八通道数据显示和八通道棒图显示等切换。

③ "翻页"键供手动翻页状态下，更换不同通道的实时显示。

④ "时标"键可以选择各种设定好的时间范围，分别为 2.5min、5.0min、10min 和 20min。

（3）无纸记录仪的组态操作

组态，即组织仪表的工作状态，类似软件端程，但不使用计算机语言，而是借助于记录仪本身携带的组态软件，根据组态界面提供的组态内容，进行具体的选项和相应参数的填写，轻松地完成界面显示的设定和修改。

无纸记录仪的组态界面简单明了，操作方便。只要将表头拉出，将侧面的组态/显示切换插针插入组态座位置，即可进入组态界面，原来的数据液晶显示屏变换为组态显示屏。

无纸记录仪进入组态主菜单后，可提供下面六种组态方式。

① 提供时间与通道组态。在该界面中屏幕提供日期、时间、记录点数、采样周期、曲线类型等项目的数据提问，输入对应的数据即可完成该项的基本组态。

② 提供页面及记录间隔组态。在该界面下进行双通道显示的设定，包括哪两个通道在一个页面中显示、显示的记录间隔时间、背光的打开/关闭设置。

③ 提供各个通道的信息组态。该界面下可对各通道的测量上下限、报警上下限、滤波时间常数及流量信号详细参数进行组态。

④ 提供通信信息组态。用于设定通信地址和通信方式。通信方式有 RS-232C 和 RS-485 两种标准方式。RS-232C 标准通信方式支持点对点通信，一台计算机挂接一台记录仪，最适合使用便携机随机收取记录数据；RS-485 标准通信方式支持一点对多点通信，允许一台计算机同时挂接多台记录仪，对使用终端机的用户十分方便。

⑤ 提供显示画面选择组态。记录仪可显示 9 种画面，通过组态选择所需显示的画面。

⑥ 提供报警信息组态，用于控制报警触点信号输出。可对报警触点的通道号、报警类型及报警输出位置进行设置。

习题

1. 叙述磁电动圈式仪表的结构及工作原理。

2．磁电动圈式仪表是如何实现断偶自动保护的？

3．画图说明手动平衡直流电位差计的组成和工作原理。

4．简要说明函数记录仪的构成和工作原理。

5．叙述静态电阻应变仪、动态电阻应变仪的结构及工作原理。

6．简要说明数字式显示仪表的组成。

2. 熟悉尘迹示冲过冲反应片的静态特性。
3. 熟悉比中平测速检电压并通此的冲工作原理
4. 熟悉相过变置以及比发应用的工作原理
5. 熟悉直流电桥及其和差应用比中原理和比工艺过程
的解识。

第5章

应力和应变测量

本章知识构架

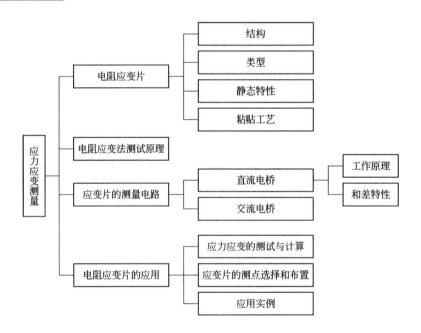

本章教学目标和要求

1. 熟悉电阻应变片的结构和类型。
2. 了解影响应变片静态特性参数的因素及粘贴工艺。
3. 熟悉应变片的测量电路，掌握直流电桥的工作原理及和差特性。
4. 了解电阻应变片的应用。

5.1　电阻应变片测量应力应变

在材料成型领域，应力和应变的测量非常重要。不管采用何种成型工艺，如果成型制件内部存在应力，轻则可能发生尺寸精度的偏差，重则可能造成断裂失效的严重后果。如轧制的板材由于残余应力的存在发生翘曲变形；焊接残余应力能使焊缝出现裂纹；铸造应力可能造成铸件变形与开裂等。电阻应变片（简称应变片）测量应力和应变的方法在材料成型领域内应用最为广泛，其测试方法是：将电阻应变片粘贴在被测物体表面，随零部件变形即可产生成比例的电阻变化，然后再根据应变与应力的关系式，确定该零部件表面的应力状态。这种方法具有以下特点：

① 非线性小，电阻的变化同应变成线性关系；

② 应变片尺寸小、质量轻、惯性小，具有良好的动态特性，频率响应好；

③ 测量过程对试件无损伤，对试件工作状态和应力分布基本上没有影响；

④ 测量应变的灵敏度和精度高，适用于静态测量和动态测量，动态测量精度可达 1%，静态测量精度可达 0.01%。

5.1.1　电阻应变片的结构

电阻应变片由敏感元件（一般呈栅状，故称敏感栅）、基底、引线和保护盖片构成，其基本结构示意图见图 5-1。敏感栅用来接入测量电路进行电阻测量，要求敏感栅所用材料具有电阻温度系数小、温度稳定性良好、电阻率大等特性，同时，相对灵敏系数要大，能在较大应变范围内保持常数。基底的作用是固定和支撑敏感栅，在应变片的制造和储存过程中，保持其几何形状不变，当把它粘贴在试件上之后，与黏结层一起将试件的变形传递给敏感栅，同时又起到敏感栅与试件之间的电绝缘作用，避免短路。对基底材料的要求是机械性能好、防潮性好、绝缘好、热稳定性好、线膨胀系数小、柔软便于粘贴等。由于使用场合不同，采用的基底材料也不相同。基底通过黏结层（剂）与敏感元件连接，黏结层（剂）的作用是将敏感栅固定在基底上或将应变片基底固定在被测试件的表面上。引线的作用是把敏感栅接入测量电路，以便从敏感栅引出电信号。引线材料一般用低阻值的镀锡铜丝，直径为 0.15～0.20mm，长度为 40～50mm，高温应变片引线用镍铬铝丝。盖片主要起保护作用。

5.1.2　电阻应变片的类型及主要参数

按电阻应变片敏感元件的材质可以分为两大类：金属应变片和半导体应变片，还有一些具体分类见图 5-2。

（1）金属应变片的类型

① 丝式电阻应变片　这种应变片应用较为普遍。在正常使用中，丝式电阻应变片的线是绕在一层很薄的聚酰亚胺膜载体上的，或在两层聚酰亚胺膜之间压缩封装而成。

丝式电阻应变片的敏感元件是丝栅状的金属丝，电阻丝是应变片受力后引起电阻值变化的关键部件，它是一根具有很高电阻率的金属细丝，直径约为 0.01～0.05mm。常用材料有铜镍合金、镍铬合金、铂、铂铬合金、铂钨合金等。

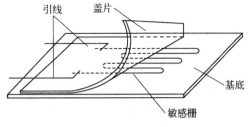

图 5-1 应变片的基本结构示意图

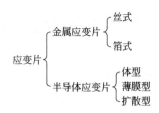

图 5-2 应变片的分类

应变片根据金属丝的形状可分为 U 型、V 型、H 型等，如图 5-3 所示。应变片根据基底材质可分为纸基应变片、纸浸胶基应变片、胶基应变片。纸基一般用多孔性、不含油分的薄纸（厚度约为 0.02～0.05mm），例如拷贝纸、高级香烟纸等。纸基的优点是柔软、易于粘贴、应变极限大、价廉等，缺点是防潮、绝缘和耐热性稍差，使用温度为−50～80℃。胶基一般用酚醛树脂、环氧树脂以及聚酰亚胺等有机聚合物薄膜（厚度约为 0.03mm），其中，尤以聚酰亚胺为佳。胶基在强度、耐热、防潮和绝缘等方面均优于纸基，使用温度为−50～180℃，聚酰亚胺使用温度可到 300℃。纸浸胶基应变片的使用性能介于纸基与胶基之间。另外，高温应变片的基底材料为石棉、无碱玻璃布以及金属薄片（镍铬铝片或不锈钢片）等，使用温度可达 400℃。

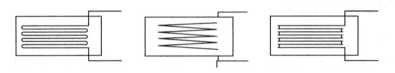

图 5-3 U 型、V 型、H 型丝式电阻应变片

② 金属箔式电阻应变片　金属箔式电阻应变片的敏感栅是用栅状金属箔片代替金属丝。金属箔栅采用光刻技术制造，适于大批量生产，其形状见图 5-4。

图 5-4 金属箔式电阻应变片

金属箔式应变片具有线条均匀、尺寸准确、阻值一致性好、传递试件应变性能好等优点，因此，目前许多场合使用金属箔式电阻应变片。

这种应变片的敏感栅用厚度 0.002～0.005mm 的金属箔刻蚀成形。用此法易于制成各种形状的应变片。

金属箔栅有如下优点：a. 横向部分可以做成比较宽的栅条，使横向效应较小；b. 箔栅很薄，能较好地反映构件表面的变形，因而测量精度较高；c. 便于大量生产；d. 能制成栅长很短的应变片。因此，金属箔式电阻应变片越来越得到广泛应用。

（2）半导体应变片

① 体型半导体应变片　这是一种将半导体材料硅或锗按一定方向切成小条，经腐蚀压焊

粘贴在基片上而制成的应变片。

② 薄膜型半导体应变片　这种应变片是采用真空沉积技术将半导体材料沉积到带有绝缘层的试件上而制成的。

③ 扩散型半导体应变片　将 P 型杂质扩散到 N 型硅单晶基体上，再通过超声波和热压焊法接出引线就形成了扩散型半导体应变片。

半导体应变片的优点是：尺寸、横向效应、机械滞后都很小，灵敏系数很大，因而输出也大。缺点是：电阻值和灵敏系数的温度稳定性差，测量较大应变时非线性严重，灵敏系数随受拉或受压而变化，且分散度大，一般在 3%～5%之间。

（3）电阻应变片的主要参数

① 几何参数：表距 L 和丝栅宽度 b，制造厂常用 b×L 表示。丝式电阻应变片的 L 一般为 5～180mm，箔片式的一般为 0.3～180mm，通常 b 小于 10mm。栅长小的应变片对制造要求较高，对粘贴的要求也高，且应变片的蠕变、滞后及横向效应也大，因此，应尽量选择栅长大一些的应变片。

② 电阻值：应变片在不受力情况下，室温时测定的原始电阻值。应变片在相同的工作电流下电阻值越高，允许的工作电压越大，可提高测量灵敏度。

③ 绝缘电阻：应变片引线和安装应变片的试件之间的电阻值。此值常作为应变片黏结层固化程度和是否受潮的标志。绝缘电阻下降会带来零漂和测量误差，尤其是不稳定绝缘电阻会导致测量失败。

④ 最大工作电流：允许通过应变片而不影响其工作特性的最大电流值。该电流和外界条件有关，一般为几十毫安，箔式应变片有的可达 500mA。流过应变片的电流过大，会使应变片发热引起较大的零漂，甚至将应变片烧毁。静态测量时，为提高测量精度，流过应变片的电流要小一些；短期动态测量时，为增大输出功率，电流可大一些。

5.1.3 应变片的工作特性

应变片的工作特性中需要考虑的静态特性参数主要包含灵敏系数、横向效应及横向效应系数、机械滞后、蠕变、零漂、应变极限以及疲劳寿命等。

（1）灵敏系数

定义电阻应变片灵敏系数 K 为电阻变化率与应变片应变的比值，即：

$$\Delta R / R = K\varepsilon_x \tag{5-1}$$

式中，ε_x 为应变片的轴向应变。电阻应变片的灵敏系数与电阻丝的灵敏系数不同，它恒小于电阻丝灵敏系数。通常情况下由生产厂家标明的灵敏系数是按照统一标准测定的，即应变片安装在受单向应力状态的被测件表面上，其轴线与应力方向平行，此时电阻应变片的灵敏系数就是应变片阻值的相对变化与沿轴向的被测件应变的比值。

（2）横向效应及横向效应系数

沿应变片轴向的应变必然引起应变片电阻的相对变化，但沿垂直于应变片轴向的横向应变也会引起其电阻的变化，这种现象称为横向效应。

对于在轴向和横向均有应变的情况下，应变片的电阻变化率可表示为：

$$\Delta R / R = K_x\varepsilon_x + K_y\varepsilon_y \tag{5-2}$$

式中，K_x、K_y分别为纵栅和横栅的灵敏系数；ε_x、ε_y为应变片的轴向应变和横向应变。横向效应系数 H 的定义为：$H = K_y / K_x$，代入式（5-2）得到：

$$\Delta R / R = K_x(\varepsilon_x + H\varepsilon_y) \tag{5-3}$$

在应变片轴向应力作用下，引入材料泊松比 $\mu_0 = -\varepsilon_y / \varepsilon_x$，则式（5-3）转变为：

$$\Delta R / R = K_x(1 - \mu_0 H)\varepsilon_x = K\varepsilon_x \tag{5-4}$$

可见，由于应变片轴向和横向应变方向相反，应变片的横栅部分必然会把纵栅部分的电阻变化抵消一部分，从而降低了整个电阻应变片的灵敏度。横向效应的大小与敏感栅的构造及尺寸有关，敏感栅的纵栅愈窄、愈长，而横栅愈宽、愈短，则横向效应的影响愈小。

（3）机械滞后

对已安装的应变片，在恒定的温度环境下，加载和卸载过程中同一载荷下指示应变的最大差数，称为机械滞后。造成此现象的原因很多，通常与基底材料、黏结剂材料和黏结工艺有关，常规应变片都有此现象。在测量过程中，为了减小应变片的机械滞后给测量结果带来的误差，可对新粘贴应变片的试件反复加、卸载 3～5 次。

（4）蠕变

对已安装的应变片，在温度恒定并承受恒定的机械应变时，指示应变随时间的变化称为蠕变。这主要是由黏结层引起的，如黏结剂种类选择不当、黏结层较厚或固化不充分、在黏结剂接近软化温度下进行测量等。

（5）零点漂移

对已安装的应变片，在温度恒定、试件不受力的条件下，指示应变随时间的变化称为零点漂移（简称零漂）。这是应变片的绝缘电阻过低及通过电流而产生热量等原因造成的。零漂和蠕变都反映传感器的长期稳定性。

（6）应变极限

在温度不变时使试件的应变逐渐加大，应变片的指示应变与真实应变的相对误差（非线性误差）小于规定值（一般为10%）情况下所能达到的最大应变值为该应变片的应变极限。应变极限是指应变片的线性范围，衡量应变片测量范围和过载能力的指标。

（7）疲劳寿命

对于已安装的应变片在一定的交变机械应变幅值下，可连续工作而不致产生疲劳损坏的循环次数，称为疲劳寿命。疲劳寿命的循环次数与动载荷的特性、大小有密切的关系。一般情况下循环次数可达 $10^6 \sim 10^7$ 次。

5.1.4 应变片粘贴工艺

不管是直接采用应变片测量试件应变，还是制作应变式传感器，应变片的粘贴都是其中的重要环节，应变片的粘贴质量直接影响数据测量的准确性。

应变片粘贴的工序主要包括：粘贴前的准备、试件的表面处理、应变片的粘贴和干燥、导线的焊接和固定、应变片的防潮处理和质量检验。

（1）粘贴前的准备

应变片粘贴前的准备工作需按照以下原则进行：首先，应保证所粘贴的平面光滑、无划伤，面积应大于应变片的面积；其次，应变片应平整、无折痕，应变片的底面无污染。

（2）试件的表面处理

一般要求用蘸有无水酒精和丙酮的棉签反复擦拭贴片部位，确保贴片部位清洁。

（3）应变片的粘贴

在贴片部位和应变片的底面上均匀地涂上薄薄一层应变片黏结剂，待黏结剂变稠后，用镊子轻轻夹住应变片的两边，贴在试件的贴片部位。选用黏结剂时要根据应变片的工作条件、工作温度、潮湿程度、有无化学腐蚀、稳定性要求、加温加压、固化的可能性、粘贴时间长短要求等因素考虑，此外还要注意黏结剂的种类是否与应变片基底材料相适应。在室温工作的应变片通常采用聚酯树脂、环氧树脂类黏结剂经过常温、指压固化。

粘贴后在应变片上覆盖一层聚氯乙烯薄膜，用手指顺着应变片的长度方向用力挤压，挤出应变片下面的气泡和多余的黏结剂。用手指压紧，直到应变片与试件紧密黏合为止。松开手指，使用专用夹具将应变片和试件夹紧。注意按住时不要使应变片移动，轻轻掀开薄膜检查有无气泡、翘曲、脱胶等现象，否则需重贴。注意黏结剂不要用得过多或过少，过多则胶层太厚影响应变片性能，过少则黏结不牢不能准确传递应变。

（4）应变片的干燥

粘贴后的应变片应有足够的黏结强度以保证与试件共同变形。此外，应变片和试件间应有一定的绝缘度，以保证应变读数的稳定。因此，在贴好应变片后就需要进行干燥处理，用热风机进行加热干燥，烘烤时应适当控制距离和温度，防止温度过高烧坏应变片。

（5）导线的焊接和固定

将引出线焊接在应变片的接线端。在应变片引出线下，贴上胶带纸，以免应变片引出线与被测试件接触造成短路。焊接时注意防止假焊，焊完后用万用表在导线另一端检查是否接通。

为防止在导线被拉动时应变片引出线被拉坏，应使用接线端子。用胶水把接线端子粘在应变片引出线的前端，然后把应变片的引出线和输出导线分别焊接到接线端子两端，以保护应变片。

（6）应变片的防潮处理

对于需较长时间使用的应变片，必须进行防潮处理。为避免胶层吸收空气中的水分而降低绝缘电阻值，应在应变片接好线后，立即对应变片进行防潮处理。防潮处理应根据要求和使用环境采用相应的防潮材料。常用的防潮剂为 704 硅胶，将 704 硅胶均匀地涂在应变片和引出线上。

（7）应变片的质量检验

用目测或放大镜检查应变片是否粘牢固，有无气泡、翘起等现象。用万用表检查电阻值，阻值应和应变片的标称阻值相差不大于 1Ω。

5.2 电阻应变法测试原理

导体或半导体材料在外界力的作用下产生机械变形时，其电阻值相应发生变化，这种现象称为电阻的应变效应。

从 3.2 节图 3-5 中可以看到，金属丝受力 F 拉伸后其电阻值的变化为：

$$dR = \frac{L}{A}d\rho + \frac{\rho}{A}dL - \frac{\rho L}{A^2}dA \qquad (5-5)$$

即：

$$\frac{dR}{R} = \frac{dL}{L} + \frac{d\rho}{\rho} - \frac{dA}{A} \qquad (5-6)$$

其中轴向应变：

$$\frac{dL}{L} = \varepsilon \qquad (5-7)$$

横向应变：

$$\frac{dr}{r} = -\mu\frac{dl}{l} = -\mu\varepsilon \qquad (5-8)$$

正应力：

$$\sigma = E\varepsilon \qquad (5-9)$$

电阻率变化率：

$$\frac{d\rho}{\rho} = \lambda\sigma = \lambda E\varepsilon \qquad (5-10)$$

式（5-7）～式（5-10）中　　ε——应变；

μ——泊松比；

E——弹性模量，MPa；

λ——压阻系数，m^2/N。

将式（5-7）、式（5-8）、式（5-10）代入式（5-6）可得：

$$\frac{dR}{R} = \left(1 + 2\mu + \lambda E\right)\varepsilon \qquad (5-11)$$

令 $K = 1 + 2\mu + \lambda E$，则有：

$$\frac{dR}{R} = K\varepsilon \qquad (5-12)$$

K 为单根金属丝的灵敏系数。当金属丝发生单位长度的变化时，电阻变化率与其应变的比值，即单位应变的电阻变化率。

由式（5-11）、式（5-12）可见，电阻的相对变化量由两方面因素决定：

① 对于金属材料，电阻的变化主要由金属丝几何尺寸的改变引起，电阻丝灵敏系数 $(dR/R)/\varepsilon$ 为 $1+2\mu$。对金属或合金，一般其灵敏系数 $K_m=1.5\sim2$。

② 对于半导体材料，其工作原理基于半导体的压阻效应，材料受力后，材料的电阻率发生变化，其灵敏系数 $(dR/R)/\varepsilon$ 约为 λE。半导体材料的灵敏系数较高，通常半导体材料的灵敏系数 $K_s=(50\sim80)K_m$。

5.3　应变片的测量电路

在使用应变片测量应变时，必须有适当的方法检测其阻值的微小变化。为此，一般是把应变片接入某种测量电路，让它的电阻变化对电路进行某种控制，使电路输出一个能模拟这个电阻变化的电信号，对该模拟信号进行相应的处理（滤波、放大、调制解调等）即可得到测量数据。应变片的主要测量电路是电桥。

5.3.1 直流电桥

（1）直流电桥的工作原理

图 5-5 是常用的直流电桥。它的四个桥臂由电阻 R_1、R_2、R_3 和 R_4 组成。A、C 两端接直流电源 E，B、D 两端接仪表，输出电压为 U。

由于 B、D 间为开路，故电流：

$$I_{1,2} = \frac{E}{R_1 + R_2} \qquad I_{3,4} = \frac{E}{R_3 + R_4} \tag{5-13}$$

电阻 R_1、R_4 上的压降分别为：

$$U_{AB} = \frac{ER_1}{R_1 + R_2} \qquad U_{AD} = \frac{ER_4}{R_3 + R_4} \tag{5-14}$$

因为，$U_{AB}=U_A-U_B$，则 $U_B=U_A-U_{AB}$；$U_{AD}=U_A-U_D$，则 $U_D=U_A-U_{AD}$。

因此：

$$U_{DB} = U_D - U_B = \left(\frac{R_1}{R_1 + R_2} - \frac{R_4}{R_3 + R_4} \right) E \tag{5-15}$$

即电桥输出电压：

$$U = \frac{R_1 R_3 - R_2 R_4}{(R_1 + R_2)(R_3 + R_4)} \times E \tag{5-16}$$

由式（5-16）可知，若要使电桥输出为零（$U=0$），即电桥平衡，应满足 $R_1R_3=R_2R_4$。若将传感器的敏感元件作为电桥中的一个桥臂，并使其余各桥臂具有合适的电阻值，初始情况下实现电桥平衡，则当被测量引起敏感元件（电阻、电感、电容）变化时，通过测量输出电压就能检测出对应被测量。为简化桥路设计，通常使四臂电阻相等，即 $R_1=R_2=R_3=R_4=R$，电桥可分为单臂、双臂和四臂工作电桥。

（2）直流电桥的和差特性

以全等电桥的电压输出为例，分析四个桥臂的电阻变化，从而说明电桥的和差特性。当电桥工作时，如果各臂的电阻都发生变化，即：

$$R_1 \to R_1+\Delta R_1; \quad R_2 \to R_2+\Delta R_2; \quad R_3 \to R_3+\Delta R_3; \quad R_4 \to R_4+\Delta R_4$$

电桥将有电压输出。若 $\Delta R_i \ll R$ 且满足 $R_1=R_2=R_3=R_4$，$\Delta R_n \to 0$（$n \geq 2$）和 $R+\Delta R \approx R$ 成立，即 ΔR 的高次项及分母中的 ΔR 项可以忽略，故式（5-16）可整理为：

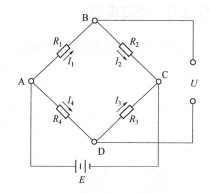

图 5-5　常用直流电桥

$$U = \frac{E}{4R}(\Delta R_1 - \Delta R_2 + \Delta R_3 - \Delta R_4) \tag{5-17}$$

① 单臂工作时，假设桥臂 R_1 为工作臂，其余各臂为固定电阻 R，则式（5-17）可变换为：

$$U = \frac{E}{4R}\Delta R \tag{5-18}$$

② 两个相邻臂工作时，假设 R_1、R_2 为工作臂，且工作时增量分别为 ΔR_1，ΔR_2，则式（5-17）可变换为：

$$U = \frac{E}{4R}(\Delta R_1 - \Delta R_2) \tag{5-19}$$

当 $\Delta R_1 = \Delta R_2$ 时，$U=0$；当 $\Delta R_1 = \Delta R$、$\Delta R_2 = -\Delta R$ 时，$U = \frac{E}{2R}\Delta R$，灵敏度比单臂提高了一倍。

③ 两个相对臂工作时，即 R_1、R_3 为工作臂，增量分别为 ΔR_1 和 ΔR_3，则式（5-17）可变换为：

$$U = \frac{E}{4R}(\Delta R_1 + \Delta R_3) \tag{5-20}$$

当 $\Delta R_1 = \Delta R_3 = \Delta R$ 时，$U = \frac{E}{2R}\Delta R$；当 $\Delta R_1 = \Delta R$、$\Delta R_3 = -\Delta R$ 时，$U=0$。

④ 四臂为差动电桥时，即 R_1、R_2、R_3、R_4 均为工作臂，且电阻增量分别为 $\Delta R_1 = \Delta R$、$\Delta R_2 = -\Delta R$、$\Delta R_3 = \Delta R$、$\Delta R_4 = -\Delta R$，则式（5-17）可变换为：

$$U = 4 \times \frac{E}{4R}\Delta R = E\frac{\Delta R}{R} \tag{5-21}$$

可见该情况下电桥的输出电压为单臂测量时的 4 倍，大大提高了测量的灵敏度。

5.3.2 交流电桥

为了克服测量电路的零点漂移，常采用交流电压作为电桥的电源，称为交流电桥，此时导线间存在分布电容和分布电感。实践表明，分布电容的影响比分布电感的影响大得多，因此仅考虑分布电容的影响。纯电阻交流电桥，由于导线之间存在分布电容，故在桥臂上并联了一个电容，见图 5-6。

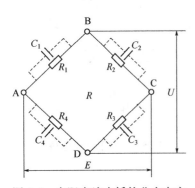

图 5-6　电阻交流电桥的分布电容

供桥电压为：

$$U = U_m \sin\omega t \tag{5-22}$$

式中　U_m——供桥交流电压的最大振幅，V；

ω——供桥交流电压的角频率，rad/s；

t——时间，s。

桥臂的阻抗分别为：

$$Z_1 = \frac{1}{1/R_1 + i\omega C_1}, Z_2 = \frac{1}{1/R_2 + i\omega C_2}, Z_3 = \frac{1}{1/R_3 + i\omega C_3}, Z_4 = \frac{1}{1/R_4 + i\omega C_4} \tag{5-23}$$

式中　R_1、R_2、R_3、R_4——各桥臂的电阻，Ω；

　　　C_1、C_2、C_3、C_4——各桥臂的电容，F；

　　　　　　ω——角频率，rad/s；

　　　　　　i——虚数单位。

交流电桥输出电压与直流电压相似，可表达为：

$$U = \frac{Z_1 Z_3 - Z_2 Z_4}{(Z_1 + Z_2)(Z_3 + Z_4)} U_m \sin \omega t \qquad (5\text{-}24)$$

其平衡条件是 $Z_1 Z_3 = Z_2 Z_4$。

5.4　电阻应变片的应用

电阻应变片的应用主要有两个方面：第一，应变片作为敏感元件，将应变片粘贴于被测构件上，配合应变仪使用，直接用于被测试件的应变测量。例如，为了研究或验证机械、桥梁、建筑等某些构件在工作状态下的应力、变形情况，可利用形状不同的应变片，粘贴在构件的预测部位，可测得构件的拉应力、压应力、扭矩或弯矩等，从而为结构设计、应力校核或构件破坏的预测等提供可靠的实验数据。第二，应变片作为转换元件，贴于弹性元件上，与弹性元件一起构成应变式传感器，用以对任何能转变成弹性元件应变的其他物理量作间接测量。通常用来测量力、压力（压强）、位移、加速度等物理参数。

5.4.1　电阻应变片对应力应变的测试

测定应力状态常采用电阻应变法。电阻应变片在选用时应根据工作环境、载荷性质和测点应力状况来决定。其中，工作环境需要考虑被测构件的温度、湿度和磁场环境，载荷性质是指静态或动态载荷，测点应力状态是指待测区域的应力分布情况。该方法是先用应变片测出应变，然后用胡克定律求出其应力。此方法适用于弹性平面问题，即测定零件表面的弹性应力和应变。应力应变测定的核心是应变测量和应力计算，即对每一点进行贴片测量和由测得的应变数据计算应力。

（1）线应力状态下的主应力的测量

线应力状态是最为简单的一种应力状态，它的测量比较容易，只要在试件上将应变片沿应力方向粘贴，就可测量出应变值 ε，由胡克定律即可求出该方向上的应力值：

$$\sigma = E\varepsilon \qquad (5\text{-}25)$$

式中　E——试件的弹性模量，MPa。

（2）平面应力状态下的主应力的测量

一般平面应力场内的主应力方向可以是已知的，也可以是未知的。

① 已知主应力方向　对于承受内压力的薄壁圆筒形容器的筒体，材料处于平面应力状态下，其主应力方向是已知的，只需要在沿两个互相垂直的主应力方向上各粘贴一应变片，见图 5-7，就可以直接测出应变 ε_1 和 ε_2，然后用广义胡克定律求出主应力 σ_1、σ_2 和最大切应力 τ_{max}：

$$\left.\begin{array}{l} \sigma_1 = \dfrac{E}{1-\mu^2}(\varepsilon_1 + \mu\varepsilon_2) \\[3mm] \sigma_2 = \dfrac{E}{1-\mu^2}(\varepsilon_2 + \mu\varepsilon_1) \\[3mm] \tau_{\max} = \dfrac{E}{2(1+\mu)}(\varepsilon_1 - \varepsilon_2) \end{array}\right\}$$ （5-26）

式中　　E——弹性模量，MPa；

　　　　ε——应变量；

　　　　μ——泊松比。

② 主应力方向为未知　对于平面问题，任一点的应力状态可用应力分量 σ_x、σ_y、τ_{xy} 来描述，与之相对应的应变分量为 ε_x、ε_y、γ_{xy}，它们之间的关系为：

$$\left.\begin{array}{l} \sigma_x = \dfrac{E}{1-\mu^2}\left(\varepsilon_x + \mu\varepsilon_y\right) \\[3mm] \sigma_y = \dfrac{E}{1-\mu^2}\left(\varepsilon_y + \mu\varepsilon_x\right) \\[3mm] \tau_{xy} = \dfrac{E}{2(1+\mu)}\gamma_{xy} = G\gamma_{xy} \end{array}\right\}$$ （5-27）

可见，只要设法测得 ε_x、ε_y、γ_{xy} 就可由式（5-27）求得 σ_x、σ_y、τ_{xy}；但角应变 γ_{xy} 不能直接测得，所以一般用测三个方向的线应变来求解 ε_x、ε_y、γ_{xy}。

对于主应力方向为未知的复杂平面应变测量，一般采用应变花方式粘贴应变片，常用的应变花有直角形应变花、等边三角形应变花、T-△形应变花以及双直角形应变花等几种。用应变花可以测量某测点三个方向的应变，然后按已知公式可求出主应力的大小和方向，见图5-8。

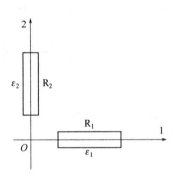

图 5-7　主应力方向已知的情况

1，2—主应力方向

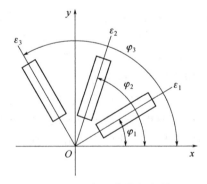

图 5-8　主应力方向未知的情况

根据应变分析可知，在给定坐标系 xOy 情况下，与 Ox 轴成 φ 角方向的线应变 ε_φ 与 ε_x、ε_y、γ_{xy} 有下面关系：

$$\varepsilon_\varphi = \frac{1}{2}(\varepsilon_x + \varepsilon_y) + \frac{1}{2}(\varepsilon_x - \varepsilon_y)\cos 2\varphi + \frac{\gamma_{xy}}{2}\sin 2\varphi$$ （5-28）

如图 5-8 所示，沿 φ_1、φ_2、φ_3 三个方向贴片，分别测出各片的应变 ε_1、ε_2、ε_3。将它分别代入式（5-28）得：

$$\left.\begin{aligned}
\varepsilon_1 &= \frac{1}{2}(\varepsilon_x + \varepsilon_y) + \frac{1}{2}(\varepsilon_x - \varepsilon_y)\cos 2\varphi_1 + \frac{\gamma_{xy}}{2}\sin 2\varphi_1 \\
\varepsilon_2 &= \frac{1}{2}(\varepsilon_x + \varepsilon_y) + \frac{1}{2}(\varepsilon_x - \varepsilon_y)\cos 2\varphi_2 + \frac{\gamma_{xy}}{2}\sin 2\varphi_2 \\
\varepsilon_3 &= \frac{1}{2}(\varepsilon_x + \varepsilon_y) + \frac{1}{2}(\varepsilon_x - \varepsilon_y)\cos 2\varphi_3 + \frac{\gamma_{xy}}{2}\sin 2\varphi_3
\end{aligned}\right\} \tag{5-29}$$

在这一方向组中，φ_1、φ_2、φ_3 是已知的贴片角度，ε_1、ε_2、ε_3 是测得的应变值，故解此方程组就可求得 ε_x、ε_y、γ_{xy} 的值。应变状态确定后，按式（5-27）确定应力状态。

一般还需确定其主应变和主应力值。主应变 ε_{max}、ε_{min} 与主方向 φ_ρ 为：

$$\left.\begin{aligned}
\varepsilon_{max} &= \frac{1}{2}(\varepsilon_x + \varepsilon_y) + \frac{1}{2}\sqrt{(\varepsilon_x - \varepsilon_y)^2 + \gamma_{xy}{}^2} \\
\varepsilon_{min} &= \frac{1}{2}(\varepsilon_x + \varepsilon_y) - \frac{1}{2}\sqrt{(\varepsilon_x - \varepsilon_y)^2 + \gamma_{xy}{}^2} \\
\varphi_\rho &= \frac{1}{2}\arctan\frac{\gamma_{xy}}{\varepsilon_x - \varepsilon_y}
\end{aligned}\right\} \tag{5-30}$$

主应力 σ_{max}、σ_{min} 和最大切应力 τ_{max} 按式（5-31）计算。

$$\left.\begin{aligned}
\sigma_{max} &= \frac{E}{1-\mu^2}(\varepsilon_{max} + \mu\varepsilon_{min}) \\
\sigma_{min} &= \frac{E}{1-\mu^2}(\varepsilon_{min} + \mu\varepsilon_{max}) \\
\tau_{max} &= \frac{E}{2(1+\mu)}(\varepsilon_{max} - \varepsilon_{min})
\end{aligned}\right\} \tag{5-31}$$

按任意方向 φ_1、φ_2、φ_3 贴片，在计算上很不方便，所以一般采用方向夹角一定的应变花。

① 直角形应变花　如图 5-9 所示，这时 $\varphi_1 = 0°$、$\varphi_2 = 45°$、$\varphi_3 = 90°$，由 R_1、R_2、R_3 应变片分别测得的应变值为 ε_1、ε_2、ε_3，代入式（5-29）则有：

$$\left.\begin{aligned}
\varepsilon_1 &= \frac{1}{2}(\varepsilon_x + \varepsilon_y) + \frac{1}{2}(\varepsilon_x - \varepsilon_y) = \varepsilon_x \\
\varepsilon_2 &= \frac{1}{2}(\varepsilon_x + \varepsilon_y) + \frac{1}{2}\gamma_{xy} \\
\varepsilon_3 &= \frac{1}{2}(\varepsilon_x + \varepsilon_y) - \frac{1}{2}(\varepsilon_x - \varepsilon_y) = \varepsilon_y
\end{aligned}\right\} \tag{5-32}$$

由式（5-32）解出 ε_x、ε_y、γ_{xy} 得：

$$\left.\begin{aligned}
\varepsilon_x &= \varepsilon_1 \\
\varepsilon_y &= \varepsilon_3 \\
\gamma_{xy} &= 2\varepsilon_2 - (\varepsilon_1 + \varepsilon_3)
\end{aligned}\right\} \tag{5-33}$$

将其代入式（5-30）得：

$$\left.\begin{array}{l}\varepsilon_{\min}^{\max}=\frac{1}{2}(\varepsilon_1+\varepsilon_3)\pm\frac{1}{2}\sqrt{(\varepsilon_1-\varepsilon_3)^2+[2\varepsilon_2-(\varepsilon_1+\varepsilon_2)]^2}\\[2mm]\varphi_\rho=\frac{1}{2}\arctan\frac{2\varepsilon_2-(\varepsilon_1+\varepsilon_3)}{\varepsilon_1-\varepsilon_3}\end{array}\right\}\qquad(5\text{-}34)$$

将式（5-34）代入式（5-31），得应力计算公式：

$$\left.\begin{array}{l}\sigma_{\min}^{\max}=\frac{E}{2(1-\mu)}(\varepsilon_1+\varepsilon_3)\pm\frac{E}{2(1+\mu)}\sqrt{(\varepsilon_1-\varepsilon_3)^2+[2\varepsilon_2-(\varepsilon_1+\varepsilon_2)]^2}\\[2mm]\tau_{\max}=\frac{E}{2(1+\mu)}\sqrt{(\varepsilon_1-\varepsilon_3)^2+[2\varepsilon_2-(\varepsilon_1+\varepsilon_2)]^2}\end{array}\right\}\qquad(5\text{-}35)$$

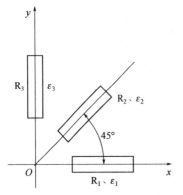

图 5-9　直角形应变花

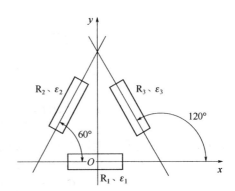

图 5-10　三角形应变花

② 三角形应变花　如图 5-10 所示，这时 $\varphi_1=0°$、$\varphi_2=60°$、$\varphi_3=120°$，由应变片 R_1、R_2、R_3 测得的应变为 ε_1、ε_2、ε_3。由式（5-29）得：

$$\left.\begin{array}{l}\varepsilon_1=\frac{1}{2}(\varepsilon_x+\varepsilon_y)+\frac{1}{2}(\varepsilon_x-\varepsilon_y)=\varepsilon_x\\[2mm]\varepsilon_2=\frac{1}{2}(\varepsilon_x+\varepsilon_y)-\frac{1}{2}(\varepsilon_x-\varepsilon_y)\times\frac{1}{2}+\frac{\gamma_{xy}}{2}\times\frac{\sqrt{3}}{2}\\[2mm]\varepsilon_3=\frac{1}{2}(\varepsilon_x+\varepsilon_y)-\frac{1}{2}(\varepsilon_x-\varepsilon_y)\times\frac{1}{2}-\frac{\gamma_{xy}}{2}\times\frac{\sqrt{3}}{2}\end{array}\right\}\qquad(5\text{-}36)$$

解式（5-36），得 ε_x、ε_y、γ_{xy}：

$$\left.\begin{array}{l}\varepsilon_x=\varepsilon_1\\[2mm]\varepsilon_y=\frac{1}{3}[2(\varepsilon_2+\varepsilon_3)-\varepsilon_1]\\[2mm]\gamma_{xy}=\frac{2}{\sqrt{3}}(\varepsilon_2-\varepsilon_3)\end{array}\right\}\qquad(5\text{-}37)$$

将其代入式（5-30）得

$$\left.\begin{aligned}
\varepsilon_{\min}^{\max} &= \frac{1}{3}(\varepsilon_1 + \varepsilon_2 + \varepsilon_3) \pm \sqrt{\left(\varepsilon_1 - \frac{\varepsilon_1 + \varepsilon_2 + \varepsilon_3}{3}\right)^2 + \left[\frac{1}{\sqrt{3}}(\varepsilon_1 - \varepsilon_2)\right]^2} \\
\varphi_\rho &= \frac{1}{2}\arctan\frac{\frac{1}{\sqrt{3}}(\varepsilon_2 - \varepsilon_3)}{\varepsilon_1 - \frac{1}{3}(\varepsilon_1 + \varepsilon_2 + \varepsilon_3)}
\end{aligned}\right\} \tag{5-38}$$

将式（5-38）代入式（5-31），得应力计算公式：

$$\left.\begin{aligned}
\sigma_{\min}^{\max} &= \frac{E}{3(1-\mu)}(\varepsilon_1 + \varepsilon_2 + \varepsilon_3) \pm \frac{E}{1+\mu}\sqrt{\left[\varepsilon_1 - \frac{1}{3}(\varepsilon_1 + \varepsilon_2 + \varepsilon_3)\right]^2 + \left[\frac{1}{\sqrt{3}}(\varepsilon_2 - \varepsilon_3)\right]^2} \\
\tau_{\max} &= \frac{E}{1+\mu}\sqrt{\left[\varepsilon_1 - \frac{1}{3}(\varepsilon_1 + \varepsilon_2 + \varepsilon_3)\right]^2 + \left[\frac{1}{\sqrt{3}}(\varepsilon_2 - \varepsilon_3)\right]^2}
\end{aligned}\right\} \tag{5-39}$$

一般来说，利用三个应变片已足以确定平面的应变、应力状态，有时，为了便于校核测定结果和计算方便而多贴一片组成 T-△形和双直角形的应变花，如图 5-11 所示。

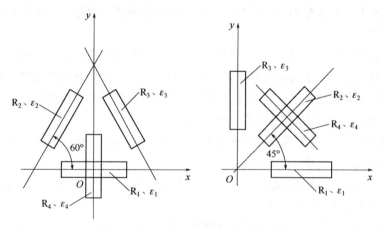

图 5-11　T-△形和双直角形的应变花

现把以上各种形式应变花的应力计算公式归纳成式（5-40）：

$$\left.\begin{aligned}
\sigma_{\min}^{\max} &= \frac{E}{1-\mu}A \pm \frac{E}{1+\mu}\sqrt{B^2 + C^2} \\
\tau_{\max} &= \frac{E}{1+\mu}\sqrt{B^2 + C^2} \\
\varphi_\rho &= \frac{1}{2}\arctan\frac{C}{B}
\end{aligned}\right\} \tag{5-40}$$

式中，系数 A、B、C 如表 5-1 所示。

表 5-1　不同类型的应变花下 A、B、C 的值

应变花形式	A	B	C
直角形	$\frac{1}{2}(\varepsilon_1 + \varepsilon_3)$	$\frac{1}{2}(\varepsilon_1 - \varepsilon_3)$	$\frac{1}{2}[2\varepsilon_2 - (\varepsilon_1 + \varepsilon_3)]$

续表

应变花形式	A	B	C
三角形	$\frac{1}{3}(\varepsilon_1+\varepsilon_2+\varepsilon_3)$	$\varepsilon_1-\frac{1}{3}(\varepsilon_1+\varepsilon_2+\varepsilon_3)$	$\frac{1}{\sqrt{3}}(\varepsilon_2-\varepsilon_3)$
T-△形	$\frac{1}{2}(\varepsilon_1+\varepsilon_4)$	$\frac{1}{2}(\varepsilon_1-\varepsilon_4)$	$\frac{1}{\sqrt{3}}(\varepsilon_2-\varepsilon_3)$
双直角形	$\frac{1}{2}(\varepsilon_1+\varepsilon_3)$	$\frac{1}{2}(\varepsilon_1-\varepsilon_3)$	$\frac{1}{2}(\varepsilon_2-\varepsilon_4)$

5.4.2　测点选择和布片原则

（1）测点的选择

在结构零件应力应变的测试中，必须正确、合理地选定测点。测点的数目不足或位置不当，都会使测试达不到预期目的；但测点过多，也会使测试工作量增加。若被测件的结构、形状以及受力形式比较简单，可以利用力学知识进行分析，从而合理布置测点。若被测件的结构形状比较复杂，则要根据实践经验分析其强度上的弱点，再结合力学知识进行分析，按测试目的确定测点。

对于正在研制阶段的新型构件，通常是先采用光弹法或密栅云纹法分析其应力分布规律、判断其危险部位，然后再确定测点的布置。对于已在生产中使用的构件，也可以先用脆性涂层法或光弹性贴片法来了解其应力分布情况，然后再确定其测点部位。

在选择测点时，有以下几个问题需加以考虑。

① 被测件最大应力处的测点是结构强度的关键部位，应特别加以重视。最大应力点一般都产生在危险截面或应力集中的地方。

② 如果最大应力点难以确定，或者需要了解构件应力分布的全貌，一般都在所研究的线段上比较均匀地布置5～7个测点。

③ 对于构件上开有孔、凹槽或截面急剧变化等一些产生应力集中的区域，应适当加多测点，以了解其应力变化情况。

④ 为了减少测点数目，可以利用结构与载荷的对称性和结构边界的特殊情况。例如：厚壁筒容器，由于结构与载荷都是轴对称，所以在一侧布置测点就可以了。

⑤ 由于动态测试仪器线数有限、测试技术要求高和影响因素多，所以动态测试应在静态测试的基础上进行，测点数目要比静态的少；同时，动态测点一定要选在能反映构件动态性质的关键部位。

（2）应变片的布置

测点选定后，即可根据测点的应力状态来考虑应变片的布置。当测点是线应力状态时，只要求沿主应力方向贴片。若测点是主应力已知的平面应力状态，就沿两个主应力方向上分别贴片。当测点的主应力方向未知，则需贴上相应的应变花。

测点应力状态的判定，可根据力学知识、构件的边界情况、构件的形状与载荷的对称性等来分析。有时可借助其他试验方法如脆性涂层法或密栅云纹法来判断主应力方向，这样可以减少贴片。

5.4.3 应变式传感器的应用实例

应变式传感器具有测量范围广、分辨率和灵敏度高、结构轻小等特点，目前广泛应用于机械、冶金、石油、建筑、交通、水利和航空航天等领域的自动测量与控制或科学实验中，以下是几种常见的应用实例。

（1）测力传感器

测力传感器主要用于称重和测力，其结构由应变片、弹性元件和一些附件所组成。根据弹性元件结构形式（如柱式、筒式、环式、梁式、轮辐式）和受载性质（如拉、压、弯曲和剪切等）的不同，它们有许多种类。

图 5-12 所示为柱式测力传感器。柱式测力传感器分为实心圆柱和空心圆筒两种形式。应变片贴于柱体四周，两个一组接在电桥中进行测量，测量电路如图 5-13 所示。

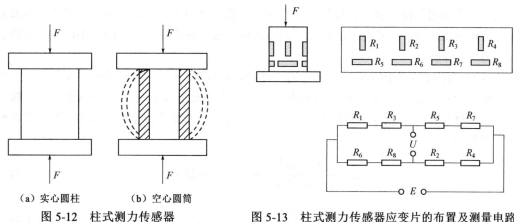

（a）实心圆柱	（b）空心圆筒

图 5-12　柱式测力传感器　　　图 5-13　柱式测力传感器应变片的布置及测量电路

梁式测力传感器有悬臂梁和固定梁两种形式，其常见形式的结构示意图和应变片贴片形式如图 5-14 和图 5-15 所示。

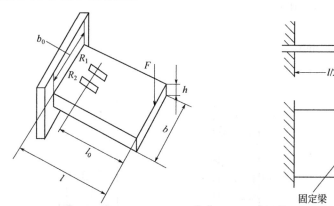

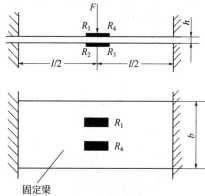

图 5-14　等截面悬臂梁测力传感器结构示意图　　　图 5-15　双端固定梁式测力传感器结构示意图

悬臂梁结构简单，易加工，灵敏度高，适合于测 5000N 以下的载荷，对于等截面悬臂梁测力传感器，力与应变的关系为：

$$\varepsilon = \frac{6lF}{bh^2 E}$$

（5-41）

双端固定梁式测力传感器可承受较大载荷，对于图 5-15 所示的双端固定梁式测力传感器，力与应变的关系为：

$$\varepsilon = \frac{3lF}{4bh^2 E}$$ （5-42）

式（5-41）和式（5-42）中　F——传感器所受到的力，N；

　　　　　　　　l——传感器的长度，mm；

　　　　　　　　b——传感器的宽度，mm；

　　　　　　　　h——传感器的高度，mm；

　　　　　　　　E——弹性模量，MPa。

（2）压力传感器

压力传感器主要用来测量流体的压力。视其弹性体的结构形式有单一式和组合式之分。单一式压力传感器是指应变片直接粘贴在受压弹性膜片或筒上，因此有膜片式压力传感器和筒式压力传感器之分，后者用于测较大压力，如机床液压系统的压力（$10^6 \sim 10^7 Pa$）、枪炮的膛内压力（$10^8 Pa$）。

图 5-16 为筒式压力传感器。图中（a）为结构示意，图（b）、（c）显示了 4 片应变片布片，工作应变片 R_1、R_3 沿筒外壁周向粘贴，温度补偿应变片 R_2、R_4 贴在筒底外壁，并接成全桥。对于材料弹性模量为 E 和泊松比为 μ 的应变筒，当应变筒内壁感受压力 p 时，筒外壁的周向应变为：

$$\varepsilon_t = \frac{(2-\mu)d^2}{(D^2 - d^2)E} \times p \quad （厚壁筒）$$ （5-43）

$$\varepsilon_t = \frac{(2-\mu)d}{(D-d)E} \times p \quad （薄壁筒）$$ （5-44）

式中　E——材料的弹性模量，MPa；

　　　p——应变筒内壁感受压力，MPa；

　　　μ——泊松比；

　d、D——应变筒内外壁直径，mm。

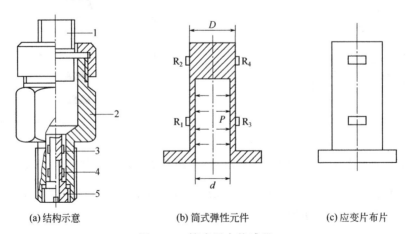

(a) 结构示意　　　　　　(b) 筒式弹性元件　　　　　　(c) 应变片布片

图 5-16　筒式压力传感器

1—插座；2—基体；3—温度补偿应变片；4—工作应变片；5—应变筒

组合式压力传感器则由受压弹性元件（膜片、膜盒或波纹管）和应变弹性元件（如各种梁）组合而成。前者承受压力，后者粘贴应变片。两者之间通过传力件传递压力作用。这种结构的优点是受压弹性元件能对流体高温、腐蚀等影响起到隔离作用，使应变片具有良好的工作环境。

（3）应变式位移传感器

应变式位移传感器是把被测位移量转变成弹性元件的变形和应变，然后通过应变片和应变电桥，输出正比于被测位移的电量。它可用来近测或远测静态与动态的位移量。因此，要求弹性元件刚度小，对被测对象的影响反力小，系统的固有频率高，动态频响特性好。

图 5-17（a）为国产 YW 系列应变式位移传感器结构。这种传感器采用了悬臂梁-螺旋弹簧串联的组合结构，因此它适用于较大位移（量程>10～100mm）的测量。其工作原理如图 5-17（b）所示。

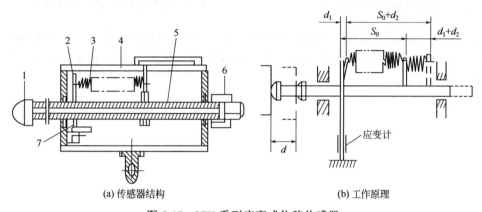

(a) 传感器结构　　　　　　(b) 工作原理

图 5-17　YW 系列应变式位移传感器
1—测量头；2—弹性元件；3—弹簧；4—外壳；5—测量杆；6—调整螺母；7—应变片

测量杆位移 d 为悬臂梁端部位移量 d_1 和螺旋弹簧伸长量 d_2 之和。由材料力学可知，位移量与贴片处应变 ε 之间的关系为：

$$d = d_1 + d_2 = K\varepsilon \tag{5-45}$$

上式表明，d 和 ε 成线性关系，其比例系数 K 与弹性元件尺寸、材料特性参数有关；ε 通过 4 片应变片和应变仪测得。

应变片除可构成上述主要应用传感器外，还可构成其他应变式传感器，如通过质量块与弹性元件的作用，可将被测加速度转换成弹性应变，从而构成应变式加速度传感器（见 3.2.3 节的介绍）；通过弹性元件和扭矩应变片，可构成应变式扭矩传感器等。应变式传感器结构与设计的关键是弹性体形式的选择与计算、应变片的合理布片与接桥。

 习题

1．应变片测量力的原理是什么？
2．应变片有哪几种类型？
3．单臂、双臂和四臂电路的灵敏度有怎样的倍数关系？

4．图 5-18 是一个圆柱体弹性元件，A、B、C、D 是四个应变片，观察粘贴的位置后判断四个应变片在电桥中应怎样连接？画出电桥电路来说明。

5．图 5-19 所示为一悬臂梁，如需测量弯曲力和拉伸力，那么应变片应该怎样连接在电桥电路中？分别画出测量弯曲力和拉伸力的测量电桥电路。

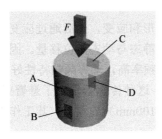

图 5-18　圆柱体粘贴的应变片分布

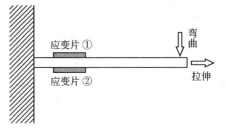

图 5-19　悬臂梁测量弯曲力和拉伸力

6．如果将 100Ω 电阻应变片贴在弹性试件上，试件受力横截面积 $S=0.5\times10^{-4}m^2$，弹性模量 $E=2\times10^{11}N/m^2$，$F=5\times10^4N$ 的拉力引起应变电阻变化为 1Ω，则试求该应变片的灵敏度系数。

第**6**章

温度测量及控制

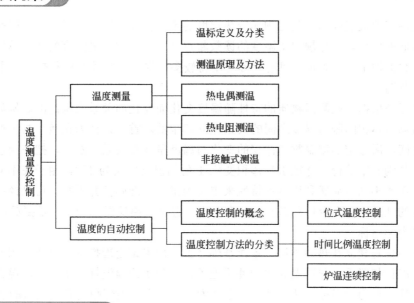

1. 了解温度测量原理及测温方法的分类。

2. 了解标准热电偶与非标准热电偶的主要特性，掌握不同形式热电偶结构和热电偶的冷端温度补偿法。

3. 了解热电阻测温原理，熟悉非接触式测温基本原理。

4. 熟悉温度控制的基本概念，掌握位式温度控制、时间比例温度控制、炉温连续控制基本原理。

温度是工业生产、科学实验和人们生活中应用普遍又很重要的一个物理参数。在热工生产过程中，温度直接影响着生产的安全性和经济性。目前，温度测量仪器的种类很多，应用范围也很广泛。热工系统的许多生产环节都与温度有关，很多重要的过程只有在一定的温度范围内才能有效进行。因此，对温度进行准确测量和可靠控制，在热工测量中具有重要意义。

6.1 温度的测量

温度是表征物体冷热程度、描述物质状态的物理量，微观上讲是反映物体分子热运动的剧烈程度。它与物体的物理化学性质有密切的关系，在工业生产过程中是最基本、最常见的测量参数之一。

6.1.1 温标

温标是温度的数值表示，是对物体冷热程度的定量描述。简单地说，温标就是用来度量物体温度高低的标尺。温标规定了温度的读数起点（零点）和测量温度的基本单位。各种温度计的刻度数值均由温标确定。目前国际上用得较多的温标是经验温标和热力学温标。

（1）经验温标

经验温标是依据某些测温物质的特性随温度变化而变化的关系来制定的。例如，摄氏温标就是利用物体体积膨胀与温度之间的关系建立起来的。首先，认为在两个易于实现且稳定的温度点之间，所选定的测温物质体积的变化与温度呈线性关系。然后，把在两温度之间体积的总变化分为若干等份，并把引起体积变化 1 份的温度定义为 1℃。由于在不同的温度下物质的膨胀系数不同，显然利用这种特性来定义的温标其准确性并不高。可见经验温标依附于测温介质的性质，有多少种测温介质就有多少个温标。摄氏温标的单位是摄氏度。

（2）热力学温标

热力学温标是建立在热力学第二定律基础之上，由卡诺定理推导出来的，因此它不与某一特定的温度计相联系，与测温介质的性质无关，避免了经验温标因依附于测温介质特性而产生的随意性。热力学温标被认为是一种迄今为止最科学、最理想的温度数值的表示方法。

国际规定热力学温标定点温度为纯水三相点温度，数值为 273.16K。热力学温度为基本温度，定义 1K 等于水的三相点温度的 1/273.16。热力学温标单位为开尔文，符号为 K，热力学温标和摄氏温标的关系为：

$$T = 273.15 + t \tag{6-1}$$

式中，T 的单位是开尔文，符号为 K；t 的单位是摄氏度，符号为℃。

6.1.2 测温原理及测温方法的分类

（1）温度测量的原理

根据热平衡的观点，为了检测某个系统或物体（被测对象）的温度，必须使温度检测仪表的某个部位（如传感器）作为一个系统与被测对象直接或间接地达到平衡，使传感器与被测介质的温度一致或有一定关系，然后再根据温度检测仪表的输出信号确定被测对象的温度，这就是基于热平衡观点的温度测量基本原理。

（2）测温方法的分类

温度不能直接测量，它是利用物体之间的热交换或物体的某些物理性质随冷热程度不同而变化的特性间接测量的。根据测温方式的不同，温度的测量方法分为接触式与非接触式两大类。温度测量系统是由温度传感器及显示记录仪表构成的，统称为温度计，它的种类繁多，大体上可以划分为测量低于 600℃的温度计和测量高于 600℃的温度计两大类。

接触式测温是基于热平衡原理，测温敏感元件必须与被测介质接触，使两者处于同一热平衡状态，具有同一温度，如水银温度计、热电偶温度计等。接触式测温简单、可靠，测温精度也比较高，但由于测温元件需要与被测介质接触以达到充分的热交换使之完全热平衡，因而存在滞后现象。另外，由于受到材料耐高温性能的限制，接触式测温的最高温度是有限的。

非接触式测温其测量敏感元件不与被测介质接触，它是利用物质的热辐射原理，通过接收被测物体发出的辐射能量来进行测温，如辐射温度计、红外温度计等。其测温范围很广，测温上限原则上不受限制，测温速度也较快，且可对运动体进行测量。但它受到物体的发射率、被测对象到仪表之间的距离、烟尘和水汽等其他介质的影响，一般测温误差较大。

目前，无论是测温原理，还是传感器技术以及测量线路和二次仪表等方面，技术发展都很完善。而且出现的许多新技术，如红外、激光、光导纤维、遥感及电子计算机技术，已经或者正在测温领域获得应用。目前测温技术正向更高的精确度、超高温、超低温、快速响应及智能化等方向发展。本节主要介绍一些常用测温仪表的原理和特性。

6.1.3　热电偶测温

在工业生产过程的温度检测中，热电偶是主要的测温元件。热电偶属于接触式测温计，适用于液体、蒸汽和气体介质以及固体表面温度测量。热电偶结构简单，使用方便，测温准确、可靠，数据便于远程传输、自动记录和集中控制。热电偶是温度测量中应用最普遍的测温器件。

（1）热电偶的类型

根据热电偶的工作原理，从理论上说，任何两种导体都可以配成热电偶，但是工程上要求测量温度具有一定的精度，所以对选作热电偶的材料有一定的要求。设计时，必须考虑以下几点：a. 配成的热电偶有较大的热电势和热电势率；b. 测量温度范围广，物理化学性质稳定，长期工作后，热电特性较稳定；c. 电阻温度系数和比热要小；d. 便于制作，资源丰富。

根据上述原则，常用的热电偶材料有铜、铁、铂、铂铑合金及镍铬合金等，由于两种纯金属组成的热电偶的热电势率很小，所以目前常用的热电偶大多数是合金与纯金属相配或者合金与合金相配。图 6-1 给出了几种常用热电偶材料配对后的热电特性曲线。

① 标准热电偶　国际上规定热电偶分为八个不同的分度号，分别为 S、R、B、K、N、E、J 和 T，其测量温度最低可测-270℃，最高可测 1800℃，其中 S、R、B 属于铂系列的热电偶，由于铂属于贵金属，所以又称为贵金属热电偶，而剩下的几个则称为廉金属热电偶。

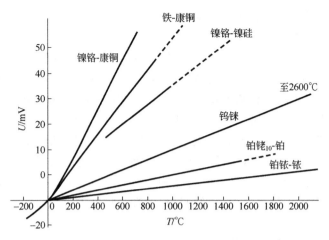

图 6-1 常用热电偶材料配对后的热电特性曲线

a. 铂铑 10-铂热电偶（分度号 S）：正极（SP）是铂铑合金，可测量 1600℃ 高温，长期工作温度为 0～1300℃。它属于贵金属热电偶，具有较稳定的物理化学性质，抗氧化能力强，可在氧化性气体介质中工作，不适宜在金属蒸气、金属氧化物和其他还原性介质中工作，必须选用可靠保护管。热电势小，测量时要配用灵敏度高的仪表。由于它有高的精度，因此国际温标规定：它是 630.71～1064.43℃ 范围内的基准热电偶，其分度表见附录 1。

b. 镍铬-镍硅热电偶（分度号 K）：正极（KP）镍铬质量分数比为 90∶10，负极（KN）镍硅质量含量比为 97∶3，短期可测量 1300℃，长时间工作温度为 900℃。其物理化学性能稳定，抗氧化能力强，但不能直接在高温下用于含硫、还原性或还原与氧化交替的气氛中。热电势比 S 型大得多，价格便宜，虽然测量精度偏低，但完全能满足工业测量要求，在工业上广泛应用。目前我国把这种热电偶作为三等标准热电偶，其分度表见附录 2。

c. 铂铑 30-铂铑 6 热电偶（分度号 B）：该热电偶的两个热电极均采用铂铑合金，只是正极（BP）、负极（BN）含铑量不同，能长期在 1600℃ 的温度中使用，短期最高使用温度为 1800℃，属于高温热电偶，是使用较为广泛的一种热电偶。该热电偶性质稳定，在 0～50℃ 范围内热电势小于 3μV，因此，无须用补偿导线进行补偿。但这种热电偶热电势率小，测量时需配用灵敏度高的仪表，且价格较贵。

d. 镍铬硅-镍硅热电偶（分度号 N）：正极（NP）镍铬硅质量分数比为 84.4∶14.2∶1.4，负极（NN）镍硅镁质量分数比为 95.5∶4.4∶0.1。它是一种最新国际标准化的热电偶，克服了 K 型热电偶的两个重要缺点，即在 300～500℃ 间由于镍铬合金的晶格短程有序而引起的热电势不稳定，在 800℃ 左右由于镍铬合金发生择优氧化引起的热电势不稳定。其他特点与 K 型热电偶相同，综合性能优于 K 型热电偶。

e. 镍铬-康铜热电偶（分度号 E）：又称镍铬-铜镍热电偶，正极（EP）镍铬质量分数比为 90∶10，与 KP 相同，负极（EN）为铜镍合金。该热电偶的使用温度为 -200～+900℃，在热处理车间低温炉中（600℃ 以下）得到广泛使用。其电动势之大、灵敏度之高属所有热电偶之最，可测量微小的温度变化。其对于高湿度气氛的腐蚀不灵敏，宜用于湿度较高的环境，此外，还具有稳定性好，抗氧化性能优于铜-康铜、铁-康铜热电偶，价格便宜等优点。

f. 铁-康铜热电偶（分度号 J）：该热电偶的正极（JP）为纯铁，负极（JN）为康铜（铜镍合金，约占 55% 的铜和 45% 的镍以及少量却十分重要的锰、钴、铁等元素。尽管它称为康铜，但不同于镍铬-康铜和铜-康铜的康铜，故不能用 EN 和 TN 来表示）。其特点是热电势大，价格便宜，适用于真空氧化的还原性或惰性气氛中，温度范围为 $-40 \sim 750℃$，但常用温度在 500℃ 以下，因为超过这个温度后，铁热电极的氧化速率加快。该热电偶能耐氢气及一氧化碳等气体的腐蚀，但不能在高温（如 500℃）含硫的气氛中使用。

g. 铜-康铜热电偶（分度号 T）：又称铜-铜镍热电偶，正极（TP）为纯铜，负极（TN）为铜镍合金（又称康铜），与镍铬-康铜（EN）通用，与铁-康铜（JN）不能通用。它的使用温度是 $-200 \sim +400℃$，因铜热电极易氧化，并且氧化膜易脱落，故在氧化性气氛中使用时，一般不能超过 300℃，在 $-200 \sim +300℃$ 范围内，灵敏度比较高。其主要特点是热电势较大，准确度最高，稳定性和均匀性好，在 $-200 \sim 0℃$ 温区内使用，稳定性更好。它是常用的几种定型产品中最便宜的一种。

知识拓宽材料

热电偶用镍合金

热电偶用镍合金是用于制作热电极测温元件的镍合金。主要有镍铬合金、镍铝合金、镍硅合金和铜镍合金等。这类合金是单相固溶体，化学成分均匀，热电特性好，使用温度范围较宽，使用过程中热电性能稳定，高温强度良好，容易加工成形，价格便宜，在各个领域的测温中有极重要的地位。

1886 年研制成功 PtRh10-Pt 热电偶，1890 年获实际应用，开创了热电偶测温的先例。1872 年铁-康铜热电偶（J 型）问世，但至 1910 年才开始使用，1913 年首次制出分度表。铜-康铜热电偶（T 型）是长期以来测量 300℃ 以下温度最重要的工具之一，于 1914 年开始使用。1938 年美国国家标准局正式为之作了分度表。镍铬-镍铝热电偶是最早的 K 型热电偶，1906 年由美国霍斯金斯公司首创，在第一次世界大战期间获得工业应用。此后，各国研究者为提高该热电偶的性能，对其正极和负极的化学成分作了大量的研究和改进，负极除镍铝合金以外，又增加了性能优良的镍硅合金，并在正负极合金中添加微量元素，以提高其稳定性。对 K 型热电偶的改进研究，促进了热电偶用镍合金的发展，特别是 1971 年出现了镍铬硅-镍硅热电偶，它的分度表与 K 型热电偶相近，但抗氧化性、稳定性大为提高，发展为现在的 N 型热电偶。镍铬-康铜 E 型热电偶具有热电势率高的特点，在 $400 \sim 600℃$ 内可达 $81.0 \mu V/℃$，是继 K、T、J 型电偶之后，工业上大量采用的又一种廉价的金属热电偶。

目前国际标准化的热电偶按国际电工委员会 IEC-584 的规定和补充，共有 S、R、B、K、E、J、T、N 八种型号，其中前三种为铂和铂铑合金组成，其余各种大部分由镍合金和铜镍合金组成。

镍铬合金：在研究镍铬合金与铂配对的热电势值时，发现含铬 $8.5\% \sim 10\%$ 合金的热电势值最大，是理想的热电偶材料。含铬 $9\% \sim 10\%$ 的镍铬合金通常选作 K、E 型电偶的正极。在镍铬合金中加入适量的硅、钴，可调整合金的热电特性值，增加抗氧化性和稳定性。若镍铬合金中含有碳、镁、锰、铜、铁和铝等元素，则显著降低热电势值。镍铬 10 合金的缺点是铬的选择性氧化和存在短程有序效应，降低了抗氧化性和热稳定性。添加钇、钙等元素可提高高温稳定性，含钇 0.05% 的镍铬 10 合金的使用寿命比不添加钇者有显著提高。含铬 14.5%、硅 1.5% 的镍铬合金是改进的 N 型电偶的正极（NP），由于不存在镍铬所固有的缺点，其抗氧化性和热稳定性大为提高。

镍铝合金：纯镍与铂配对的热电势值的直线性很差，向镍中加入适量的铝、锰和硅合金元素，所构成的合金具有良好的热电特性。其中最有名的是名义成分为 Ni-Mn3-Al2-Si1 的阿留米镍（Alumel），这种合金是构成 K 型热电偶的最早的负极。在镍铝合金中添加 0.3%～1.3%的钴可增加热稳定性；添加铁、铬、钛和碳等元素可降低热电势绝对值，应予控制。镍铝合金的抗氧化性比镍铬合金稍差。

镍硅合金：镍中含硅 2%～3%的合金是继阿留米镍之后的 K 型热电偶的另一种负极，它与镍铝合金相比，抗氧化性、热稳定性和在辐照、磁场下的使用性能都较好，因此已在工业上广泛采用。含硅 4.5%的镍硅合金是理想的 N 型热电偶的负极。由于提高了硅的含量，并加入了微量镁，使用寿命大为提高。加入微量钇可以改善镍硅合金的抗氧化性能。

铜镍合金：铜镍系合金形成连续固溶体，含镍 40%～45%的铜镍合金出现热电势最大值，且直线性好、灵敏度高，广泛用作热电偶的负极。用作热电偶的铜镍合金除存在微量的杂质外，常添加少量的锰和铁，以调整热电性能。铜镍合金常以多种商业名称使用，最常用的是康铜。苏联采用的镍铬-康铜热电偶是类似 E 型的热电偶，其康铜的化学成分为含镍 42.5%～44.0%、锰 0.1%～1.0%的铜镍合金，其热电势值与 E 型电偶有较大的差异。

参考资料：http://baike.mysteel.com/doc/view/44688.html

表 6-1 列出了我国标准热电偶的主要特性。

表 6-1 我国标准热电偶的主要特性

名称	分度号	测量范围/℃	等级	使用温度 t/℃	允许误差
铂铑 10-铂	S	0～1600	Ⅰ	0～1100	±1℃
				1100～1600	±[1+（t−1100）×0.003] ℃
			Ⅱ	0～600	±1.5℃
				600～1600	±0.25%t
铂铑 30-铂铑 6	B	0～1800	Ⅱ	600～1700	±0.25%t
			Ⅲ	600～800	±4℃
				800～1700	±0.5%t
镍铬-镍硅（镍硅-镍铝）	K	0～1300	Ⅰ	0～400	±1.6℃
				400～1100	±0.4℃
			Ⅱ	0～400	±3℃
				400～1300	±0.75%t
铜-康铜	J	−200～400	Ⅰ	−40～350	±0.5℃或±0.4%t
			Ⅱ	−40～350	±1℃或±0.75%t
			Ⅲ	−200～40	±1℃或±1.5%t
镍铬-康铜	E	−200～900	Ⅰ	−40～800	±1.5℃或±0.4%t
			Ⅱ	−40～900	±2.5℃或±0.75%t
			Ⅲ	−200～40	±2.5℃或±1.5%t
铁-康铜	J	−40～750	Ⅰ	−40～750	±1.5℃或±0.4%t
			Ⅱ	−40～750	±2.5℃或±0.75%t

续表

名称	分度号	测量范围/℃	等级	使用温度 t/℃	允许误差
铂铑 13-铂	R	0～1600	I	0～1600	±1℃或 ±[1+(t−1100)×0.003]℃
			II	0～1600	±1.5℃或±0.25%t
镍铬-金铁	NiCr-AuFe0.07	−270～0	I	−270～0	±0.5℃
			II	−270～0	±1℃
铜-金铁	Cu-AuFe0.07	−270～−196	I	−270～−196	±0.5℃
			II	−270～−196	±1℃

② 非标准热电偶　非标准热电偶在应用范围和数量上不如标准热电偶大。但非标准热电偶一般是根据某些特殊场合（超高温、超低温、核辐射、高真空等）的要求而研制的，一般的标准热电偶不能满足要求，此时必须采用非标准热电偶。使用较多的非标准热电偶有钨-铼、钨-钼、铱-铑等。

a．钨-铼热电偶　这是一种在高温测量方面具有特别良好性能的热电偶，正极为钨铼合金（由 95%钨和 5%铼冶炼而成），负极也为钨铼合金（由 80%钨和 20%铼冶炼而成）。它是目前测温范围最高的一种热电偶，可长期测量 0～2800℃的温度，短期可达到 3000℃，当温度达到 2000℃时，热电势超 33mV。钨铼热电偶的热电势与温度关系近似直线，且具有高的灵敏度，在 1000～2800℃温度范围内灵敏度可稳定在 0.018mV/℃左右。但钨铼热电偶高温抗氧化能力差，只能在真空、惰性气体介质或氢气介质中使用。常用的 WRe5-WRe26 热电偶分度表见附录 3。

b．钨-钼热电偶　钨-钼热电偶两极都具有较高的熔点，钨的熔点为 3422℃，而钼的熔点为 2623℃。由于它们的熔点高，价格相对便宜，所以很受重视。钨、钼的化学稳定性差，不能在氧化性介质中工作。钨在空气中达 400～500℃时即显著氧化，在高于 1000℃时，即变成黄色的三氧化钨。同样，钼在空气中达 600℃时也会氧化成二氧化钼。虽然它们可以在还原性介质中工作，但高温下稳定性也较差，因此只能在真空中或中性介质中工作。

实验发现，钨-钼热电偶的热电势是很低的，而且热电势与温度之间的关系有返回点，即在开始加热时，钨-钼热电偶的热电势为负，到 500～600℃时负值达到最低，然后又逐渐上升，大约在 1300℃时返回零点，以后又一直上升，所以钨-钼热电偶在 1300～2200℃范围内线性较好，在这个区间使用精确性较好。

c．铱-铑热电偶　它主要应用在真空和中性及氧化性气体中，是在氧化性气体中唯一可以测量到 2000℃的热电偶。

d．其他热电偶　上面介绍的热电偶均采用金属或合金电极，由于受熔点的限制，能用于更高温度范围的很少，而且性能的局限性也很大，因此非金属热电偶的研究受到重视，并且取得了成果，比较成熟的有热解石墨热电偶、二硅化钨-二硅化钼热电偶、石墨-二硼化锆热电偶、石墨-碳化钛热电偶和石墨-碳化铌热电偶。这五种产品的精度为 1%～1.5%，在氧化气氛中，可用于 1700℃左右的环境中，二硅化钨-二硅化钼热电偶在中性和还原气氛中可应用于 2500℃的环境中。

（2）热电偶的结构

热电偶结构形式很多，按照热电偶的结构划分为普通热电偶、铠装热电偶、薄膜热电偶、表面热电偶、浸入式热电偶等。

① 普通热电偶　如图 6-2 所示,工业上常用的热电偶一般由热电极、绝缘子、保护套管、接线盒、接线盒盖等组成。这种热电偶主要用于气体、蒸气、液体等介质的测温。这类热电偶已制成标准形式,可根据测温范围和环境条件来选择热电极材料及保护套管。

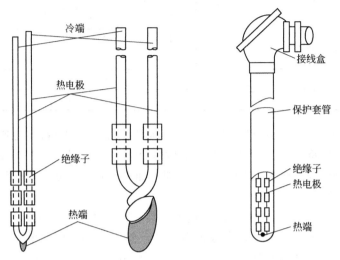

图 6-2　普通热电偶的结构图

表 6-2 中列出了国产常用普通热电偶的型号及规格,供选用时参考。

表 6-2　国产常用普通热电偶的型号及规格

| 型号 | 分度号 | 结构特征 | 测温范围/℃ | 保护套管材料 | 规格 | | 时间常数/s | 工作压强 |
					总长(L)/mm	插深(l)/mm		
WRP-510	S	可动法兰,直角形防溅式铂铑 10-铂热电偶	0~1600	高铝质	500~500 700~750		90~180	常压
WRR-510	B	可动法兰,直角形防溅式铂铑 30-铂铑 6 热电偶	0~1800	刚玉质				
WRN-320	K	小惰性可动法兰防溅式镍铬-镍硅热电偶	0~800	不锈钢 1Cr18Ni9TiCr25Ti	300 350 400		30~90	常压
WRN-330	K	小惰性可动法兰防水式镍铬-镍硅热电偶			450 550 650 900 1150 1650 2150			

② 铠装热电偶　根据测量端结构形式,可分为碰底型、不碰底型、裸露型、帽型等,分别如图 6-3 所示。

铠装热电偶由热电偶丝、绝缘材料(氧化铁)及不锈钢保护套管经拉制工艺制成。其主要优点是外径细、响应快、柔性强,可进行一定程度的弯曲,耐热、耐压、耐冲击性强。表 6-3 中列出了部分国产铠装热电偶的型号及特性,供选用时参考。

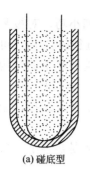 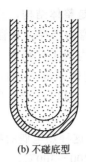 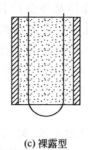 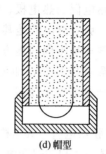

| (a) 碰底型 | (b) 不碰底型 | (c) 裸露型 | (d) 帽型 |

图 6-3　铠装热电偶结构示意图

表 6-3　国产铠装热电偶的型号及特性

品种	套管材料	外径/mm	使用温度 t/℃		允差值
			长期使用最高温度	短期使用最高温度	
镍铬-镍硅（镍铝）（WRGKK）	不锈钢 1Cr18Ni9Ti	0.25	400	500	Ⅰ 等 ±1.5℃或 0.4%t Ⅱ 等 ±2.5℃或 0.75%t Ⅲ 等 ±2.5℃或 1.5%t
		0.15，1.0	400	600	
		1.5，2.0	600	700	
		3.0，4.0，4.5 5.0，6.0，8.0	800	900	
	高温合金钢 GH3030	0.25	400	500	
		0.5，1.0	500	600	
		1.5	800	900	
		2.0，3.0	900	1000	
		4.0，4.5，5.0	1000	1100	
		6.0，8.0	1100	1200	
镍铬-铜镍（康铜）（WRGEK）	不锈钢 1Cr18Ni9Ti	0.5，1.0	400	500	
		1.5，2.0	500	600	
		3.0，4.0	600	700	
		4.5，5.0			
		6.0，8.0	700	800	
铁-铜镍（康铜）（WRGTK）	不锈钢 1Cr18Ni9Ti	0.5，1.0	300	400	
		1.5，2.0	400	500	
		3.0，4.0	500	600	
		4.5，5.0	500	600	
		6.0，8.0	600	700	
铜-铜镍（康铜）（WRGTK）	不锈钢 1Cr18Ni9Ti	0.5，1.0	200	250	Ⅰ 等 0.5℃或 0.4%t Ⅱ 等 1℃或 0.75%t Ⅲ 等 1℃或 1.5%t
		1.5，2.0，3.0 4.0，4.5，5.0	250	300	
		6.0，8.0	300	350	
铂铑 10-铂（WRGSK）	高温合金铜 GH3039	2.0，3.0，4.0 4.5，5.0，6.0	1100	1200	Ⅰ 等 1℃或 1+(t−1000)×0.003℃

注：t 为实测温度，单位为℃。

铠装热电偶的热电极、绝缘体及外保护套管是整体结构，纤细小巧，对被测体温度场影响较小。更为突出的是其挠性好，弯曲自如，弯曲半径为套管直径的 2 倍，可以安装在无法安装常规热电偶的地方，如密封的热处理罩内或工件箱内。铠装热电偶结构坚实，抗冲击、抗震性能良好，即使是随热处理工件一起落入淬火油内，也经得起冲击，在高压及震动场合也能安全使用。铠装热电偶可长可短，可以直接与显示仪表连接，无需用延伸导线。

③ 薄膜热电偶　其结构可分为片状、针状等。这种热电偶的特点是热容小、动态响应快，适用于测微小面积和瞬变温度。测量温度范围为−200～300℃。

④ 表面热电偶　表面热电偶是用来测量各种形态的固体表面温度的，如冲天炉外壳、金属型等。表面热电偶大多是根据被测对象自行设计、安装和使用的。但也有一些定型产品，如便携式表面温度计多数用于制成探头形式，它与显示仪表装在一起。图 6-4 所示为常用的表面热电偶，它们共用同一测温仪器，可方便携带。

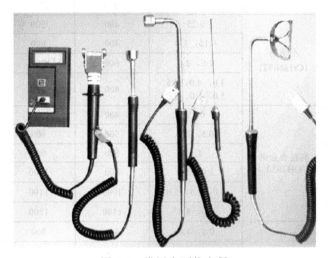

图 6-4　常用表面热电偶

⑤ 浸入式热电偶　主要用于测量铜液、钢液、铝液及熔融合金液体的温度。浸入式热电偶的主要特点是可直接插入液态金属中进行测量。

（3）热电偶的冷端温度补偿

用热电偶测温时，热电势的大小决定于热端温度及冷端温度之差。如果冷端温度固定不变，则决定于热端温度；若冷端温度是变化的，这将会引起测量误差。为此，需要采用一些措施来消除冷端温度变化所产生的影响。

① 冷端温度法　一般热电偶的冷端温度以 0℃为标准。为此常将冷端置于冰水混合物中，使其温度保持为恒定的 0℃。如图 6-5 所示，在实验条件下通常是把冷端放在盛有绝缘油的试管中，然后再将其放入装满冰水混合物的保温容器中，使冷端保持为恒定的0℃。

② 冷端温度计算校正法　由于热电偶的温度-热电势曲线是在冷端温度保持为 0℃的情况下得到的，与它配套使用的仪表又是根据这一关系曲线刻度的，因此尽管使用补偿导线使热电偶冷端延伸到温度恒定的地方，当冷端温度不为 0℃，就必须对仪表的指示值加以修正，具体步骤如下：

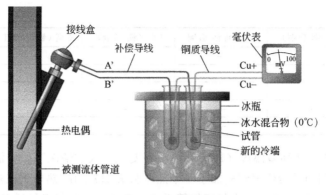

图 6-5　冷端温度法

第一步：测量热电偶的热端温度 T、冷端温度 T_0 以及输出电势 $E(T, T_0)$；

第二步：根据中间温度定律 $E(T, 0℃)=E(T, T_0)+E(T_0, 0℃)$ 进行校正；

第三步：通过查热电偶的分度表，确定热端温度 T。

例：用 K 型镍铬-镍硅热电偶测温，热电偶的冷端温度 $T_0=25℃$，某温度下测得热电势为 31.213mV，求被测对象的实际温度 T。

解：由分度表查得 $E(25, 0)=1.000mV$

则　　$E(T, 0)=E(T, T_0)+E(T_0, 0)$

　　　　　　$=31.213+1.000$

　　　　　　$=32.213(mV)$

再查分度表得其对应的被测温度 $T=774℃$

③ 冷端温度补正法　利用冷端温度计算校正法比较麻烦，比较简单的方法是以冷端温度为补正值，这样虽然带来误差，但是误差不大。例如，冷端温度计算校正法中介绍的 K 型热电偶，以热电势 31.213mV 查表得温度 750℃，再加上冷端温度 25℃ （即补正温度），得测量温度 775℃。这样得到的温度与准确温度 774℃之差是 1℃，这点误差对于一般工业测量还是可以接受的。但此法对于热电特性线性度较差的热电偶不适用，工业上采用温度补正系数 K 修正，见表 6-4。

表 6-4　热电偶冷端温度补正系数

工作温度/℃	T 型（铜-康铜）	E 型（镍铬-康铜）	J 型（铁-康铜）	K 型（镍铬-镍硅）	S 型（铂铑 10-铂）
0	1.00	1.00	1.00	1.00	1.00
20	1.00	1.00	1.00	1.00	1.00
100	0.86	0.90	1.00	1.00	0.82
200	0.77	0.83	0.99	1.00	0.72
300	0.68	0.81	0.98	0.98	0.69
400	0.65	0.83	1.00	0.98	0.66
500	0.65	0.79	1.00	1.00	0.63
600	—	0.78	0.91	0.96	0.62
700	—	0.80	0.82	1.00	0.60
800	—	0.80	0.84	1.00	0.59
900	—	—	—	1.01	0.56
1000	—	—	—	1.11	0.55
1100	—	—	—	—	0.53

续表

工作温度/℃	T 型（铜-康铜）	E 型（镍铬-康铜）	J 型（铁-康铜）	K 型（镍铬-镍硅）	S 型（铂铑 10-铂）
1200	—	—	—	—	0.53
1300	—	—	—	—	0.52
1400	—	—	—	—	0.52
1500	—	—	—	—	0.53
1600	—	—	—	—	0.53

④ 仪表调零法　在环境温度（即冷端温度）变化不大的情况下，将温度显示仪表的零点调到环境温度，相当于给仪表预先加了一个热电势 $E_{AB}(T_0, 0)$，热电偶在热端温度 T 的作用下产生热电势 $E_{AB}(T, T_0)$，两个热电势相加等于 $E_{AB}(T, 0)$，温度仪表显示 T。

⑤ 补偿导线法　为了使热电偶冷端温度保持恒定（最好为 0℃），可将热电偶做得很长，使冷端远离工作端，并连同测量仪表一起放置到恒温或温度波动比较小的地方。若热电极是贵金属材料，则加长热电偶将加大成本，另外加长热电偶也会造成安装使用不方便。为了降低热电偶长度，可以用补偿导线将热电偶的冷端延伸出来。这种导线在一定温度范围内（0～150℃）具有和所连接的热电偶相同的热电性能。若热电极是价格低廉的金属材料，补偿导线可用其本身的材料。补偿导线法的结构及接线见图 6-6。

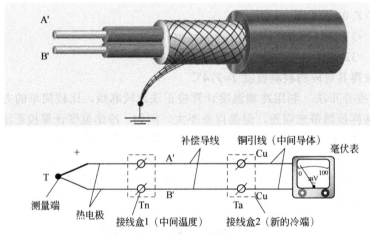

图 6-6　补偿导线法结构及接线图

必须指出，只有冷端温度恒定或配用仪表本身具有冷端温度自动补偿装置时，应用补偿导线才有意义。常用热电偶的补偿导线的种类列于表 6-5。

表 6-5　常用热电偶补偿导线种类

热电偶名称及分度号	补偿导线						补偿导线的热电势及允许误差 /mV
	正极			负极			
	代号	材料	颜色	代号	材料	颜色	
铂铑-铂（S）	SPC	铜	红	SNK	镍铜	绿	0.64±0.03
镍铬-镍硅（K）	KPC	铜	红	KNC	康铜	蓝	4.10±0.15
镍铬-康铜（E）		镍铬	红		康铜	黄	6.95±0.30
铜-康铜（T）	TPX	铜	红	TNX	康铜	白	4.10±0.15

注：代号中的最后一个字母 C 表示补偿型补偿导线；字母 X 表示延伸型补偿导线。

⑥ 电桥补偿法 电桥补偿法是现在最常用的冷端补偿法之一，它是在热电偶测温系统中串联一个不平衡电桥，利用不平衡电桥产生的电压来补偿热电偶冷端温度 t_0 的变化所引起的热电势的变化，如图 6-7 所示。不平衡电桥一般由 R_1、R_2、R_3（铜锰丝绕制）、R_{Cu}（铜丝绕制）4 个桥臂和桥路电源组成，要注意的是桥臂 Cu 电阻必须和热电偶的冷端靠近，使其处于同一温度下，通过选择合适的补偿。电桥参数，使电桥输出电压的大小正好补偿因冷端温度 t_0 而引起的热电势 $E(T_0, 0)$，这样就得到 $E(T, 0)$，从而消除了冷端温度对测量结果的影响，实现了冷端补偿。

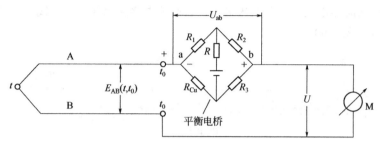

图 6-7 电桥补偿法原理图

6.1.4 热电阻测温

前面介绍的热电偶测温，适用于高于 500℃的测温范围。对于 500℃以下的中、低温，使用热电偶测量就不一定恰当。首先，在中、低区热电偶输出的热电势小，其信号小就要求测量电路的抗干扰能力高，否则难以进行准确测量；其次，在较低的温度区域，因一般补偿方法不易得到很好补偿，因此，冷端温度的变化和环境温度变化所引起的相对测量误差就显得特别突出。所以在中、低温区，一般使用另一种测温元件——热电阻来进行测量。热电阻温度计对中、低温度的测量精度较高，性能稳定。

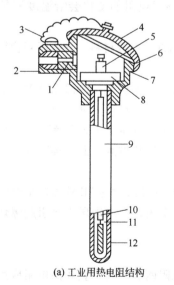

(a) 工业用热电阻结构

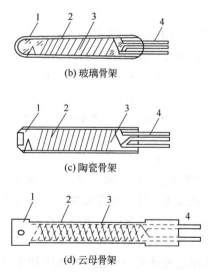

(b) 玻璃骨架

(c) 陶瓷骨架

(d) 云母骨架

1—出线密封圈；2—出线螺母；3—小链；4—盖；
5—接线柱；6—密封圈；7—接线盒；8—接线座；
9—保护管；10—绝缘管；11—引出线；12—感温元件

1—外壳或者绝缘片；2—铂丝；3—骨架；
4—引出线[(b)、(c)为三线制元件]

图 6-8 工业热电阻结构

（1）热电阻测温原理

热电阻测温是基于金属导体或半导体电阻值与本身温度呈一定函数关系的原理实现温度测量的。实验证明，大多数金属电阻当温度上升 1℃时，其阻值约增大 0.4%～0.6%；而半导体电阻当温度上升 1℃时，电阻值下降 3%～6%。它是将温度变化所引起导体电阻的变化通过测量电桥转换成电压或电流信号，然后送至显示仪表显示或记录被测温度。

（2）热电阻的结构

与热电偶一样，工业热电阻有普通型结构和铠装结构两种，工业热电阻结构如图 6-8 所示。此外，还有端面热电阻、隔爆型热电阻。它们都由感温元件、引出线、保护管、接线盒、绝缘材料等组成（图 6-9）。

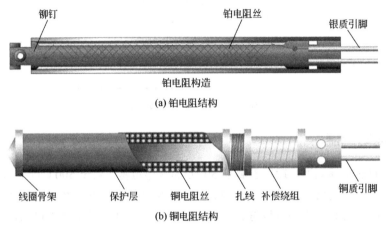

(a) 铂电阻结构

(b) 铜电阻结构

图 6-9　常用金属热电阻的结构

① 普通型热电阻　从热电阻的测温原理可知，被测温度的变化是直接通过热电阻的阻值变化来测量的。因此，热电阻的引出线等各种导线电阻的变化会给温度测量带来一定的误差。

② 铠装热电阻　铠装热电阻是由感温元件、引线、绝缘材料、不锈钢套管组合而成的坚实体，它的外径一般为 2～8mm。

与普通型热电阻相比，铠装热电阻具有以下优点：体积小、内部无空隙、热惯性小、测量滞后小、机械性能好、耐震动、抗冲击、能弯曲、便于安装、使用寿命长。

③ 端面热电阻　端面热电阻感温元件由特殊处理的电阻丝材料绕制而成，紧贴在温度计端面。它与一般轴向热电阻相比，能更正确和快速地反映被测端面的实际温度，适用于测量轴和其他机件的端面温度。

④ 隔爆型热电阻　隔爆型热电阻通过特殊结构的接线盒，把其外壳内部爆炸性混合气体因受到火花或电弧等影响而发生的爆炸局限在接线盒内，生产现场不会引起爆炸。隔爆型热电阻可用于具有爆炸危险场所的温度测量。

（3）常用金属及半导体热电阻

热电阻温度计可分为金属热电阻和半导体热电阻两类，其中金属热电阻应用较多。常用的金属热电阻是铂（Pt）热电阻、铜（Cu）热电阻等，并且已经是标准化生产。半导体热电阻也称热敏电阻，通常用铁镍、锰、钼、钛、镁、铜等的金属氧化物或碳酸盐、硝酸盐、氯化物等材料制造。

① 铂热电阻　铂热电阻由纯铂电阻丝绕制而成，按国际电工委员会（IEC）标准，适用范围已扩大到-200～850℃，它的特点是精度高、稳定性好、性能可靠，在氧化性的气氛中，甚至在高温下的物理、化学性质都非常稳定。铂易提纯，复现性好，有良好的工艺性，可以制成极细的铂丝（直径可达 0.02mm）或极薄的铂箔。与其他热电阻材料相比，它有较高的电阻率。因此，它是一种较为理想的热电阻材料。

铂热电阻在还原性介质中，特别是在高温下很容易被还原性气体污染，铂丝变脆，并且改变了电阻和温度之间的关系。因此必须用保护套管把电阻与有害介质隔离开来。铂热电阻被广泛地用于工业上和实验室中，也可用于温度的校准。

我国已采用 IEC 标准制作工业铂热电阻，根据 IEC 规定，铂热电阻有 Pt10 和 Pt100 两种分度号，其分度分别见表 6-6 和表 6-7。

表 6-6　公称电阻值为 10Ω 的铂热电阻分度表（ZB Y301—85）

分度号：Pt10　　　　　　　　　　　　　　　　　　　　　　　R（0℃）=10.000Ω　单位：Ω

温度/℃	-100	0	温度/℃	0	100	200	300	400	500	600	700	800
0	6.025	10.000	0	10.000	13.850	17.584	21.202	24.704	28.090	31.359	34.513	37.551
-10	5.619	9.609	10	10.390	14.229	17.951	21.557	25.048	28.422	31.680	34.822	37.848
-20	5.211	9.216	20	10.779	14.606	18.317	21.912	25.390	28.753	31.999	35.130	38.145
-30	4.800	8.822	30	11.169	14.982	18.682	22.265	25.732	29.083	32.318	35.437	38.440
-40	4.387	8.427	40	11.554	15.358	19.045	22.617	26.072	29.411	32.635	35.742	38.734
-50	3.971	8.031	50	11.940	15.731	19.407	22.967	26.411	29.739	32.951	36.047	39.026
-60	3.553	7.633	60	12.324	16.104	19.769	23.317	26.749	30.065	33.266	36.350	
-70	3.132	7.233	70	12.707	16.476	20.129	23.665	27.086	30.391	33.579	36.652	
-80	2.708	6.833	80	13.089	16.846	20.488	24.013	27.422	30.715	33.892	36.953	
-90	2.280	6.430	90	13.470	17.216	20.845	24.359	27.756	31.038	34.203	37.252	
-100	1.849	6.025	100	13.850	17.584	21.202	24.704	28.090	31.359	34.513	37.551	

注：分度值所对应的温度应为所在行与所在列的温度之和。其余本书中分度表同。

表 6-7　公称电阻值为 100Ω 的铂热电阻分度表（ZB Y301—85）

分度号：Pt100　　　　　　　　　　　　　　　　　　　　　　　R（0℃）=10.000Ω　单位：Ω

温度/℃	-100	-0	温度/℃	0	100	200	300	400	500	600	700	800
-0	60.25	100.00	0	100.00	138.50	175.84	212.02	247.04	280.90	313.59	345.13	375.51
-10	56.19	96.09	10	103.90	142.29	179.51	215.57	250.48	284.22	316.80	348.22	378.48
-20	52.11	92.16	20	107.79	146.06	183.17	219.12	253.90	287.53	319.99	351.30	381.45
-30	48.00	88.22	30	111.67	149.82	186.82	222.65	257.32	290.83	323.18	354.37	384.40
-40	43.87	84.27	40	115.54	153.58	190.45	226.17	260.72	294.11	326.35	357.42	387.34
-50	39.71	80.31	50	119.40	157.31	194.07	229.67	264.11	297.39	329.51	360.47	390.26
-60	35.53	76.33	60	123.24	161.04	197.69	233.17	267.49	300.65	332.66	363.50	
-70	31.32	72.33	70	127.07	164.76	201.29	236.65	270.86	303.91	335.79	366.52	
-80	27.08	68.33	80	130.89	168.46	204.88	240.13	274.22	307.15	338.90	369.53	
-90	22.80	64.30	90	134.70	172.16	208.45	243.59	277.56	310.38	342.03	372.52	
-100	18.49	60.25	100	138.50	175.84	212.02	247.04	280.90	313.59	345.13	375.51	

② 铜热电阻 铜热电阻的电阻值与温度的关系几乎是线性的,它的电阻温度系数也比较大,材料易提纯,价格比较便宜,所以在一些测量准确度要求不是很高且温度较低的场合,可以使用铜热电阻,它的测量范围是-50~150℃。

铜热电阻的缺点是在250℃以上容易氧化,因此只能用于低温及没有腐蚀性的介质中。

铜一般用来制造-50~200℃工程用的电阻温度计,铜热电阻有 Cu50 和 Cu100 两种分度号,其分度分别见表 6-8 和表 6-9。

表 6-8 Cu50 热电阻分度表（JJG 229—87）

分度号：Cu50　　　　　　　　　　　　　　　　　R（0℃）=50.000Ω　　单位：Ω

温度/℃	0	1	2	3	4	5	6	7	8	9
-50	39.242	—	—	—	—	—	—	—	—	—
-40	41.400	41.180	40.970	40.750	40.540	40.320	40.100	39.890	39.670	39.460
-30	43.555	43.340	43.120	42.910	42.690	42.480	42.270	42.050	41.830	41.610
-20	45.700	45.490	45.270	45.060	44.840	44.630	44.410	44.200	43.985	43.770
-10	47.850	47.640	47.420	47.210	46.990	46.780	46.560	46.350	46.130	45.920
-0	50.000	49.780	49.570	49.350	49.140	48.920	48.710	48.500	48.280	48.070
0	50.000	50.210	50.430	50.640	50.860	51.070	51.280	51.500	51.710	51.930
10	52.140	52.360	52.570	52.780	53.000	53.210	53.430	53.640	53.860	54.070
20	54.280	54.500	54.710	54.920	55.140	55.350	55.570	55.784	56.000	56.210
30	56.420	56.640	56.850	57.070	57.280	57.490	57.710	57.920	58.140	58.350
40	58.560	58.780	58.990	59.200	59.420	59.630	59.850	60.060	60.270	60.490
50	60.700	60.920	61.130	61.340	61.560	61.770	61.980	62.200	62.410	62.620
60	62.840	63.050	63.270	63.480	63.700	63.910	64.120	64.340	64.550	64.760
70	64.980	65.190	65.410	65.620	65.830	66.050	66.260	66.480	66.690	66.900
80	67.120	67.330	67.540	67.760	67.970	68.190	68.400	68.620	68.830	69.040
90	69.260	69.470	69.680	69.900	70.110	70.330	70.540	70.760	70.970	71.180
100	71.400	71.610	71.830	72.040	72.250	72.470	72.680	72.900	73.110	73.330
110	73.540	73.750	73.970	74.185	74.400	74.610	74.830	75.040	75.260	75.470
120	75.680	75.900	76.110	76.330	76.540	76.760	76.970	77.190	77.400	77.620
130	77.830	78.050	78.260	78.480	78.690	78.910	79.120	79.340	79.550	79.770
140	79.980	80.200	80.410	80.630	80.840	81.060	81.270	81.490	81.700	81.920
150	82.135	—	—	—	—	—	—	—	—	—

表 6-9 Cu100 热电阻分度表（JJG 229—87）

分度号：Cu100　　　　　　　　　　　　　　　　R（0℃）=100.000Ω　　单位：Ω

温度/℃	0	1	2	3	4	5	6	7	8	9
-50	39.240	—	—	—	—	—	—	—	—	—
-40	82.800	82.360	81.940	81.500	81.080	80.640	80.200	79.780	79.340	78.920
-30	87.100	86.680	86.240	85.820	85.380	84.960	84.540	84.100	83.660	83.220
-20	91.400	90.980	90.540	90.120	89.680	89.260	88.820	88.400	87.960	87.540
-10	95.700	95.280	94.840	94.420	93.980	93.560	93.120	92.700	92.260	91.840

温度/℃	0	1	2	3	4	5	6	7	8	9
−0	100.000	99.560	99.140	98.700	98.280	97.840	97.420	97.000	96.560	96.140
0	100.000	100.420	100.680	101.280	101.720	102.140	102.560	103.000	103.420	103.860
10	104.280	104.720	105.140	105.560	106.000	106.420	106.860	107.280	107.720	108.140
20	108.560	109.000	109.420	109.840	110.280	110.700	111.140	111.560	112.000	112.420
30	112.840	113.280	113.700	114.140	114.560	114.980	115.420	115.840	116.280	116.700
40	117.120	117.560	117.980	118.400	118.840	119.260	119.700	120.120	120.540	120.980
50	121.400	121.840	122.260	122.680	123.120	123.540	123.960	124.400	124.820	125.260
60	125.680	126.100	126.540	126.960	127.400	127.820	128.240	128.680	129.100	129.520
70	129.960	130.380	130.820	131.240	131.660	132.100	132.520	132.960	133.380	133.800
80	134.240	134.660	135.080	135.520	135.940	136.380	136.800	137.240	137.660	138.080
90	138.520	138.940	139.360	139.800	140.220	140.660	141.080	141.520	141.940	142.360
100	142.800	143.220	143.660	144.080	144.500	144.940	145.360	145.800	146.220	146.660
110	147.080	147.500	147.940	148.360	148.800	149.220	149.660	150.080	150.520	150.940
120	151.360	151.800	152.220	152.660	153.080	153.520	153.940	154.380	154.800	155.240
130	155.660	156.100	156.520	156.960	157.380	157.820	158.240	158.680	159.100	159.540
140	159.960	160.400	160.820	161.260	161.680	162.120	162.540	162.980	163.400	163.840
150	164.270	—	—	—	—	—	—	—	—	—

③ 热敏电阻　热敏电阻是利用某种半导体材料的电阻率随温度变化而变化的性质制成的敏感元件，其特点是电阻率随温度而显著变化。与金属热电阻相比，其优点在于：电阻温度系数大，灵敏度高；热惯性小，反应速度快；体积小，结构简单；使用方便，寿命长，易于实现远距离测量。热敏电阻发展最为迅速，由于其性能得到不断改进，稳定性已大为提高，在许多场合下（−40～+350℃）热敏电阻已逐渐取代传统的温度传感器。

热敏电阻的缺点是互换性较差，测量范围有一定的限制，为避免氧化，要加以密封。尽管如此，热敏电阻灵敏度高、便于远距离控制、成本低、适合批量生产等突出的优点使得它的应用范围越来越广泛。随着科学技术的发展，热敏电阻的缺点将逐渐得到改进，在温度传感器中热敏电阻已取得了显著的优势。

6.1.5　非接触式测温

非接触式测温计是指在测温过程中温度传感元件没有和被测对象接触，这种仪表可用来测量运动物体、小目标和热容小或温度变化迅速对象的表面温度，也可用来测量温度场的温度分布。

最常用的非接触式测温仪表基于黑体辐射的基本定律，称为辐射测温仪表。依据辐射原理可分为：光学高温计、光电高温计、比色高温计、红外测温仪等。辐射测温的基本原理是观察灼热物体表面的"颜色"来大致判断物体的温度。任何物体处于绝对零度以上时，都会以一定波长电磁波的形式向外辐射能量。辐射式测温仪表就是利用物体的辐射能量随其温度变化而变化的原理制成的。

（1）光学高温计

① 隐丝式　利用调节电阻来改变高温灯泡的工作电流,当灯丝的亮度与被测物体的亮度一致时,灯泡的亮度就代表了被测物体的亮度温度。隐丝式光学高温计主要由光学系统和电测系统组成,结构示意如图6-10所示。

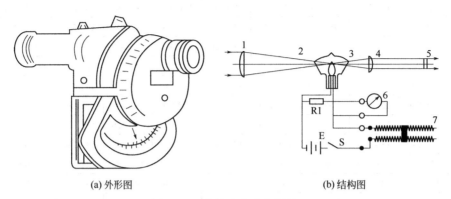

(a) 外形图　　　　　　　　　　　　　　(b) 结构图

图 6-10　隐丝式光学高温计

1—物镜；2—吸收玻璃；3—灯泡；4—红色滤波片；5—目镜；6—指示仪器；
7—滑线电阻；E—电源；S—开关；R1—刻线调整电阻

② 恒定亮度式　利用减光楔来改变被测物体的亮度,使它与恒定亮度温度的高温灯泡相比较,当两者亮度相等时,根据减光楔旋转的角度来确定被测物体的亮度温度。

优点：标准光源电流恒定,灯丝在标准情况下工作寿命长,特性稳定,测量较准。

缺点：由于被测光线进入目镜前首先经过减弱,因此不易看清目标,容易引起误差。

（2）光电高温计

由光学系统接受被测物体的辐射能,经调制系统把光线调制成交变光信号,光信号的强度由光敏元件接受并变成相应的交变电信号,送入放大器,再由显示仪表指示出相应温度,光电高温计原理和结构如图6-11和图6-12所示。

图 6-11　光电高温计原理图

光电高温计测温特点：

① 采用光敏电阻或者光电池作为感受辐射源的敏感元件来代替人眼的观察；

② 采用参考辐射源与被测物体进行亮度比较,由光敏元件和电子放大器组成鉴别和调整环节,使参考辐射源在选定波长范围内的亮度自动跟踪被测物体的辐射亮度,当达到平衡时即可得到测量值；

③ 采用新型光敏元件,测量范围宽,为 $200 \sim 1600 \, \text{℃}$。

（3）红外测温仪

红外测温仪是通过测量物体自身辐射的红外能量,准确地测定其表面温度的仪器设备。其中非接触红外测温仪功能不断增强,适用范围不断扩大,比起接触式测温方法,具有响应时间快、使用安全及使用寿命长等优点。

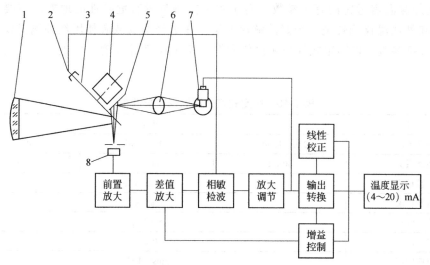

图 6-12　光电高温计的结构示意图

1—物镜；2—同步信号发生器；3—调制镜；4—微电机；5—反光镜；
6—聚光镜；7—参比灯；8—探测元件

① 红外测温原理　一切温度高于绝对零度的物体都在不停地向周围空间发出红外辐射能量，通过对物体自身辐射的红外能量的测量，便能准确地测定它的表面温度，这就是红外辐射测温所依据的客观基础。

红外测温由光学系统、光电探测器、信号放大器及信号处理、显示输出等部分组成。光学系统汇聚其视场内的目标红外辐射能量，视场的大小由测温仪的光学零件及其位置确定。红外能量聚焦在光电探测器上并转变为相应的电信号。该信号经过放大器和信号处理电路，并按照仪器内部的算法和目标发射率校正后转变为被测目标的温度值。

② 红外测温仪的类型　红外测温仪包括固定式红外测温仪和便携式红外测温仪（手持式红外测温仪）。

固定式红外测温仪是安装在工业生产现场，连续测量物体温度、监控温度的仪表。手持式红外测温仪方便携带，测温快捷，广泛用于设备检测、产品生产过程、电力、冶金、金属加工、热处理、各类机械设备等，不同类型的红外测温仪如图 6-13 所示。

图 6-13　不同类型的红外测温仪

③ 红外测温仪使用时注意事项　a．红外测温仪只测量表面温度，不能测量内部温度。b．注意环境条件：蒸气、尘土、烟雾等。它阻挡仪器的光学系统而影响精确度。c．环境温差为 20℃ 或更高时，仪器需要重新上电调节。

④ 红外测温需考虑的有关参数　对于难以接触或者有危险性的地方，需要测量温度时，使用红外测温仪无疑是一个好的解决方案。在选择购买或者使用红外测温仪时，需要考虑一些关键参数。以固定式红外测温仪为例，表 6-10 列出了有关它的一些主要参数以供参考。

表 6-10　固定式红外测温仪主要参数

型号	DG44N		
测温范围	250～1300℃	250～2000℃	350～1800℃
距离系数	80∶1	80∶1	150∶1
测温精度	0.5%测量值		
重复精度	0.1%测量值		
响应波长	1.5～1.8μm		
温度分辨率	0.1℃		
响应时间	5ms～100s		
发射率	0.05～1.00		
输出	4～20mA，线性温度信号，最大负载 500Ω		
开关量输出	光电继电器输出，最小负载 48Ω		
瞄准	激光瞄准或 LED 瞄准灯		
供电	24V DC（±25%）		
操作温度	0～70℃		
外壳和尺寸	不锈钢外壳，带插头连接器，光学镜头保护窗，长 125mm		
应用	钢铁工业、加热炉、焊接、陶瓷工业、金属加工、半导体		

6.2　温度的自动控制

自动控制是在人工控制的基础上产生和发展起来的。所谓自动控制就是在人不直接参与的情况下，利用一些设备或装置（称为控制装置或抑制器），使机器、设备或生产过程（统称被控对象）的某个工作状态或物理参数（即被控量）能自动地按照预定的规律运行，如在火电厂热力生产过程中，发电机绕组应维持在适当的温度以下，以防烧毁，过热器和水冷壁管温度控制不好，会因过热而爆管。为了实现预定目标，将被控对象和控制装置按照一定的方式连接起来，组成具有一定功能的整体称之为自动控制系统。

作为科学技术现代化标志之一的温度控制技术，无论是在工业生产领域还是在民用领域都有着广泛的应用。本节重点介绍关于温度的自动控制，其中包括位式温度控制、时间比例温度控制、炉温连续控制的控制原理。

6.2.1　温度控制的概念

炉温自动控制是在手动控制的基础上发展起来的。例如图 6-14（a）所示的炉温手动控制系统，开始电源加到电加热炉上使炉温迅速上升，热电偶及显示仪表检测炉温，操作人员观测炉温，比较目标温度和显示温度之间的偏差值，并分析炉温偏差值，如炉温已达到目标值，立即用手旋转调压器旋钮，将加热电压调低一些，以保持炉温在目标值上不变。如炉温降低，则用手旋转调压器旋钮进行反旋，将加热电压升高一些，这样就达到炉温手动控制的目的。

要实现炉温自动控制，必须有代替人工观察、分析及处理功能的仪表，还要有执行控制动作的机构，如图 6-14（b）所示。热电偶输出电压经变送环节输出温度测量值，比较器计算目标温度和温度测量值的差值，输出偏差信号；然后经控制器输出控制信号，再经过执行机构（即晶闸管调压器）调节加热电压，从而控制炉温使其稳定在目标温度上。

在图 6-14（b）所示自动控制系统的基础上，将温度的控制系统概括为图 6-15 所示控制结构，每一个方块代表一个装置，各装置完成不同的功能，它们是按照工艺过程的特点和要求合理构成的。这是一个闭环反馈控制系统的结构图。

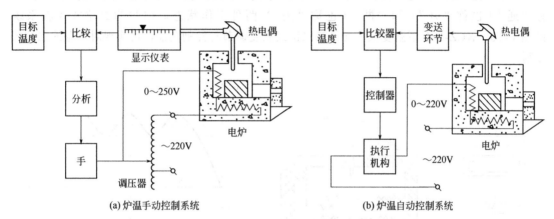

(a) 炉温手动控制系统　　　　　　　　(b) 炉温自动控制系统

图 6-14　炉温手动及自动控制系统构成图

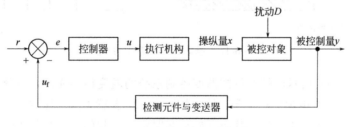

图 6-15　温度的调节与控制系统

被控对象是指需要控制的生产过程，如炉温。就单输入、单输出的生产过程而言，被控制量只有一个（炉温）。

控制器是构成自动控制系统的中枢机构，它按目标值 r 与反馈值 u_f 的偏差值 e（$e=r-u_f$）进行运算处理发出控制量 u。控制器起分析运算作用。控制器的输入、输出之间的函数关系决定了控制器所具有的控制规律。

执行机构接受控制器发来的控制信号，经伺服放大器放大到足够大的功率以推动执行机构。执行机构的输出量是操纵量 x。执行机构有电动执行机构、气动活塞执行机构、液动活塞执行机构等。简单的位式温度控制则是各种继电器。

检测元件（如用热电偶及热电阻等）感受被控制量 y（例如：炉温 t）的变化，然后经变送器输出检测信号（即反馈信号 u_f）。经常要求检测元件及变送器的输出信号为统一的标准信号（例如：电动控制仪表要求 0～10mA DC 或 4～20mA DC 的电流信号，气动控制仪表要求 0.02～0.1MPa 的气动信号）。

在控制过程中，被控制对象有时承受扰动，自动控制系统应该具有自动消除扰动的能力，维持系统的稳定运行。

6.2.2 位式温度控制及时间比例温度控制

（1）位式温度控制

位式温度控制，也称开关式温度控制，它的结构简单、成本低廉，在生产实践中被广泛采用。位式控温的输入与输出呈非线性关系，它们的非线性决定于系统的调节过程。

一位式温度控制是一种比较简单的控制方式。二位式控制是指控制器的控制动作只有"通"（也称"开"）和"断"（也称"关"）两种工作状态。电炉的二位式控制系统见图 6-16。XCZ-101 型温度仪表就具有二位式温度调节与控制功能，可实现对炉温的二位式控制。

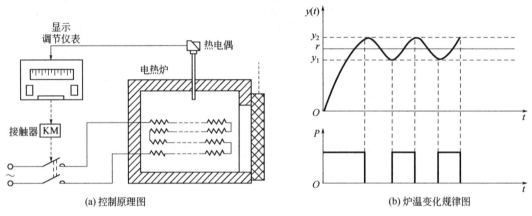

(a) 控制原理图　　　　　　　　　　　　　(b) 炉温变化规律图

图 6-16　电炉二位式控制系统

分析图 6-16（a）所示电炉二位式温度控制系统的温度控制原理。为分析方便，设电炉无热惯性，即给电炉通电则炉温上升，给电炉断电，炉温就下降。这样，炉温的变化规律如图 6-16（b）所示。图中坐标原点代表开始加热时炉子的起始温度和起始时间，纵坐标是炉温，横坐标是时间。r 为目标温度，y_1 为调节仪表控制的接触器 KM 触点接通时的温度，y_2 为调节仪表控制的接触器 KM 触点断开时的温度。$\Delta y = y_2 - y_1$ 为触点在两种动作状态时的温度差，称为调节仪表的死区。由图可看出，当炉子从冷态升温时，调节仪表控制的接触器 KM 触点闭合，使电源接通，电炉以全功率加热，炉温按指数曲线上升。当炉温到达目标值 r 时，由于调节仪表存在死区，接触器仍然闭合。当炉温升到高于 r 的某一温度 y_2（死区上限）时，调节仪表动作，控制接触器 KM 断开，电炉停止加热，炉温下降，当下降到 r 以下某一温度 y_1（死区下限）时调节仪表又控制接触器触点接通，炉温再度上升。这样，通过调节仪表输出控制信号使接触器触点"通"和"断"，即加热电源"通"和"断"动作的不断交替，炉温被控制在目标温度附近。

从上面的分析可知，二位式控制的一个突出特点是被调参数始终不能稳定在目标值上，它总是在目标值上下做周期性的波动。因此，被调参数的波动幅度是衡量位式控制器的重要指标。

二位式控制的控制规律简单，是一种断续控制形式。控制器结构简单、动作可靠、使用方便。在控制精度要求不高的场合，二位式控制得到广泛应用，它是目前炉温调节中最常见的控制方法。二位式控制的缺点是被控参数波动较大，控制精度不高，控制器动作频繁，容易损坏，且噪声较大。

（2）时间比例温度控制

时间比例温度控制是在位式温度控制的基础上发展而来的，时间比例温度控制仍然是靠继电器的开关动作来实现控制。位式温度控制只有"开"和"关"两种状态，其输出不是100%，就是 0%。如果想办法使得在被控温度给定值附近，让继电器不停地周期性地接通和断开，并使接通和断开的时间会随着温度的偏差而变化，就可起到相当于连续控制加热电流的作用。此时继电器触点接通时间与断开时间之和称为动作周期 T，而触点接通时间 T_1 与动作周期 T 之比为时间比值 ρ，即：

$$\rho = \frac{t_1}{t_1 + t_2} \tag{6-2}$$

式中，t_1 为继电器触点接通时间；t_2 为继电器触点断开时间。这样时间比值 ρ 和输入加热器的功率大小相对应。若使控制器做到温度上升时 ρ 减小，则使触点接通时间 t_1 减小，触点断开时间 t_2 增加；若温度下降时使 ρ 增大，则使触点接通时间 t_1 增加，触点断开时间 t_2 减小，就达到了控制温度的目的，这种控制方式就是时间比例温度控制。时间比例温度控制其实是一种断续作用的比例调节器，其调节动作与位式调节器相似，当继电器接通时，输出为恒定值；当继电器断开时，则无输出。由于继电器开断时间的长短是受偏差输入信号的控制，因而输出信号的脉冲宽度正比于偏差输入信号，或者说，平均输出正比于偏差信号。能起比例作用的范围占满刻度的百分数，称为比例带。这种控制器的时间比例特性可以用图6-17来说明。

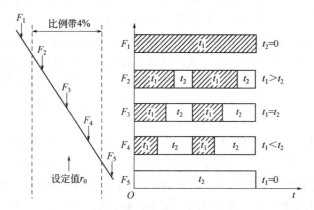

图 6-17　时间比例温度控制器的时间比例特性

在图 6-17 中，F_1、F_2、F_3、F_4、F_5 分别表示不同的温度位置，t_1 表示控制开关接通时间，T_2 表示控制开关断开时间。从 F_1 变化到 F_5 时，控制开关接通的时间不断减少，而断开时间不断增加，直至完全断开。相反，从 F_5 变化到 F_1 时，控制开关的接通时间不断地增加，而断开时间不断减少，直至完全接通。完全接通和完全断开之间或完全断开和完全接通之间都有一个逐渐变化的过程，因而控制质量要好于二位控制。

6.2.3　炉温连续控制

采用位式控制炉温时，输入功率不能连续变化，其控制精度比较低。而且由于位式温度控制系统的执行元件是交流接触器，其频繁通断容易损坏，而且有噪声。如采用连续控制，采用无触点调压或调功器连续控制电炉加热功率，不用接触器，则可以克服这些缺点。

（1）炉温连续控制系统的构成

以图 6-14（b）、图 6-15 所示温度自动控制原理为基础，实际的电炉温度控制系统构成框图如图 6-18，其构成有调压或调功器（即晶闸管调压器）、传感器（热电偶）、显示记录仪器、PID 控制器等。当炉温 y 与目标值 r 有偏差 e 时，PID 控制器输出信号不再是简单的"通"和"断"信号，而是输出连续信号，该信号与偏差信号成比例、积分、微分的关系。这个信号去控制晶闸管调压器的控制角（也就是晶闸管的开度），从而连续调节输入电炉的功率，使炉温向着减少偏差的方向变化，直至偏差消除，炉温稳定在目标值上。

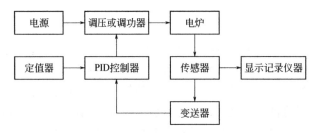

图 6-18　电炉温度控制系统构成框图

（2）PID 控制

电炉温度控制系统的核心部分是 PID 控制器。在工程实际中，PID 是一种应用最为广泛的、具有比例、积分、微分控制作用的控制器。当被控对象的结构和参数不能完全掌握，或得不到精确的数学模型、控制理论的其他技术难以采用时，系统控制器的结构和参数必须依靠经验和现场调试来确定，这时应用 PID 控制技术最为方便。

① 比例控制规律　比例控制规律也称 P 控制。比例控制是一种最简单的控制方式。其控制器的输出与输入误差信号成比例关系。当仅有比例控制时系统输出存在稳态误差。比例调节作用在于系统一旦出现了偏差，比例调节立即产生调节作用以减少偏差。比例作用大，可以加快调节，减少误差，但是过大的比例，也可能使系统的稳定性下降，甚至造成系统的不稳定。

② 积分控制规律　积分控制规律也称 I 控制。在积分控制中，控制器的输出与输入误差信号的积分成正比例关系。对一个自动控制系统，如果在进入稳态后存在稳态误差，则称这个控制系统是有稳态误差的。为了消除稳态误差，在控制器中必须引入"积分项"。积分项对误差的影响取决于时间的积分，随着时间的增加，积分项会增大。这样，即便误差很小，积分项也会随着时间的增加而加大，它推动控制器的输出增大，使稳态误差进一步减小，直到等于零。因此，比例+积分（PI）控制器，可以使系统在进入稳态后无稳态误差。积分调节作用是使系统消除稳态误差，提高无差度。积分作用的强弱取决于积分时间常数 t_1，t_1 越小，积分作用就越强。反之，t_I 大则积分作用弱。加入积分调节可使系统稳定性下降，动态响应变慢。积分作用常与另两种调节规律结合，组成 PI 调节器或 PID 调节器。

③ 微分控制规律　微分控制规律也称 D 控制。在微分控制中，控制器的输出与输入误

差信号的微分成正比关系。自动控制系统在克服误差的调节过程中可能会出现振荡甚至失稳。其原因是存在有较大惯性组件或滞后组件，具有抑制误差的作用，其变化总是落后于误差的变化。解决的办法是使抑制误差作用的变化"超前"，也就是说，在控制器中增加"微分项"，它能预测误差变化的趋势。这样，具有比例+微分的控制器，就能够提前使抑制误差的控制作用等于零，从而避免了被控量的严重超调。所以对有较大惯性或滞后的被控对象，比例+微分（PD）控制器能改善系统在调节过程中的动态特性。微分调节作用能够反映系统偏差信号的变化率，具有预见性，能预见偏差变化的趋势，因此能产生超前的控制作用，在偏差还没有形成之前，已被微分调节作用消除。微分作用对噪声干扰有放大作用，过强的微分调节，对系统抗干扰不利。此外，微分反应的是变化率，而当输入没有变化时，微分作用输出为零。微分作用不能单独使用，需要与另外两种调节规律相结合，组成 PD 或 PID 控制器。

总之，PID 控制器是一种经典的连续温度的负反馈控制方式。适用于控温精度要求高的场合。PID 主要作用是解决系统的动态稳定性和静态精度之间的矛盾，PID 控制器相当于一个放大倍数可自动调节的放大器，动态时放大倍数低，静态时则高，因而解决了系统内稳定性与精度之间的矛盾。因此，PID 控制器实质上就是直流放大器加上比例、积分、微分均可调的反馈网络，在控制过程中，使反馈量的大小能随时间变化而变化，直流放大器输出也就随时间变化发生相应的变化，即进行 PID 运算。其特点是控制比较精确、原理简单、使用方便、适应性强，其控制品质对被控对象特性的变化不太敏感。PID 控制由于具有这些优点，成为工业控制的主要技术之一，在目前温度控制中应用非常广泛。

例如，在金刚石制品生产过程中，热压烧结是应用最广泛的工艺，它将金刚石和多种金属粉末的混合物作为烧结体装载入特定的模具中，利用烧结设备加热、加压实现。不同金属粉末的化学性能存在差异，要求烧结过程中温度、压力必须按照一定的工艺曲线变化，而烧结温度是热压烧结过程中的一个重要参数，直接影响烧结制品的质量，由于其变化过程的复杂性，热压烧结需要用到一种智能 PID 算法实现热压烧结过程中对温度的精确控制，从而保证烧结的质量。图 6-19 为采用热压烧结法制备金刚石制品的结构控制图。

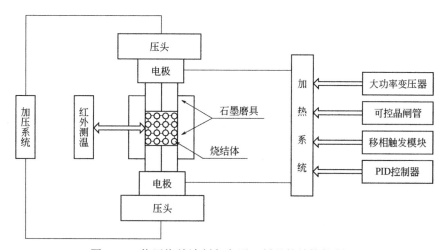

图 6-19　热压烧结法制备金刚石制品的结构控制图

图中系统主要由两部分组成：加热系统和加压系统。温度传感器用红外测温仪，实时检测烧结体温度并将其转换为 4～20mA 的电流信号，传送给 PID 控制器，控制器输出 0～10V

的电压信号给移相触发模块，驱动可控晶闸管及加热变压器工作，改变加热电极的电压值，即控制流过烧结体的电流值，实现对烧结体温度的控制。压力的工艺曲线变化可以看作是对温度控制系统的一个连续的扰动，智能 PID 算法是基于克服这个扰动的。PID 控制器由单片机及其外围器件构成。

习题

1．工业标准热电偶的种类有哪些？

2．热电偶和热电阻分别属于哪种类型的传感器？

3．为什么要对热电偶的冷端温度进行补偿？请指出常用的 3 种补偿方法。

4．用镍铬-镍硅热电偶测量炉温，热电偶冷端温度 t_0 为 30℃，测得的热电势为 33.29mV，求被测炉子的实际温度。

5．时间比例温度控制是如何实现对温度的控制的？

6．什么是 PID 控制、比例控制、积分控制、微分控制，它们各有什么特点？

第**7**章

热分析测试技术及应用

本章知识构架

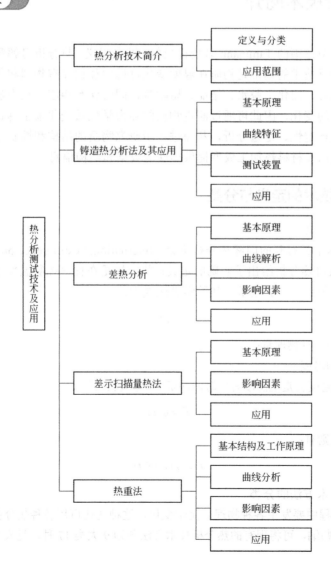

热分析技术简介 ── 定义与分类 / 应用范围

铸造热分析法及其应用 ── 基本原理 / 曲线特征 / 测试装置 / 应用

差热分析 ── 基本原理 / 曲线解析 / 影响因素 / 应用

差示扫描量热法 ── 基本原理 / 影响因素 / 应用

热重法 ── 基本结构及工作原理 / 曲线分析 / 影响因素 / 应用

热分析测试技术及应用

1. 熟悉铸造热分析法的测试原理和曲线特征。
2. 掌握差热分析、差示扫描量热法、热重法的基本原理，并了解它们的结构。
3. 理解各种热分析曲线的特点及影响因素。
4. 学会不同类型热分析曲线的解析方法。

热分析测试技术是在程序控制温度下，测量物质的物理性质随温度变化的技术，能快速准确地测定物质的晶型转变、熔融、升华、吸附、脱水、分解等变化，在材料科学与工程领域有着广泛的应用，是金属材料、无机非金属材料、有机材料研究中的重要实验方法。本章主要介绍铸造热分析法、差热分析、差示扫描量热法、热重法的原理和应用。

7.1 热分析技术简介

热分析一词是由德国的 Tammann 教授提出的，顾名思义，热分析可解释为以热进行分析的一种方法。热分析技术的基础是物质在温度变化过程中往往伴有物理和化学状态的变化，如升华、氧化、聚合、硫化、脱水、结晶、熔融等，同时伴有相应的热力学性质（如焓、比热容、热导率等）的变化，因此可通过测定物质的热力学性质变化来了解它的物理、化学变化过程，并对其进行定性、定量分析，从而进一步研究物质的结构和性质之间的关系，为新材料的研究和开发以及材料热加工成型提供热性能数据和结构信息。

7.1.1 热分析技术的定义与分类

（1）热分析的定义

1977 年在日本京都召开的国际热分析协会（International Conference on Thermal Analysis，ICTA）第七次会议对热分析给出了明确的定义：热分析是在程序控制温度下，测量物质的物理性质与温度之间关系的一类技术。其数学表达式为：

$$P = f(T) \qquad\qquad (7-1)$$

式中　P——物质的一种物理量；

$\quad\quad T$——物质的温度。

所谓程序控制温度就是把温度看作时间的函数，其表达式为：

$$T = \varphi(t) \qquad\qquad (7-2)$$

式中　t——时间。则有：

$$P = f(T \text{ 或 } t) \qquad\qquad (7-3)$$

（2）热分析技术方法的分类

物质在受热过程中要发生各种物理、化学变化，这种变化可用各种热分析方法跟踪。根据国际热分析协会的归纳，可将现有的热分析技术方法分为 9 大类 17 种，见表 7-1。

表 7-1　国际热分析协会认定的热分析技术

测量参量	热分析技术	简称	测量参量	热分析技术	简称
质量	热重法	TG	尺寸	热膨胀法	TD
	等压质量变化测量		力学特性	热机械分析	TMA
	逸出气检测	EGD		动态热机械分析	DMA
	逸出气分析	EGA	声学特性	热发声法	
	放射热分析			热传声法	
	热微粒分析		光学特性	热光学法	
温度	差热分析	DTA	电学特性	热电学法	
	加热曲线测定				
热量	差示扫描量热法	DSC	磁学特性	热磁学法	

在表中所列方法中，差热分析（differential thermal analysis，DTA）、差示扫描量热法（differential scanning calorimetry，DSC）和热重法（thermogravimetry，TG）应用最广泛，构成了热分析的三大支柱。此外，在热加工领域，特别是铸造生产和研究金属相变中，基于冷却曲线测定的热分析方法也发挥着越来越重要的作用，被广泛应用于合金化学成分、机械性能及铸造性能等参数的测量中，因此本章重点讨论这些热分析技术，其他的热分析方法如：热膨胀法（thermodilatometry，TD）、热机械分析 （thermomechanical analysis，TMA）和动态热机械分析（dynamic thermomechanical analysis，DMA）等将不再详述。

7.1.2　热分析技术的应用范围

热分析技术是对各类物质在很宽的温度范围内进行定性或定量表征极为有效的手段，通过测定加热或冷却过程中物质本身发生的变化和测定加热过程中从物质中产生的气体，推知物质变化。热分析技术对各种温度程序都适用，对样品的物理状态无特殊要求，所需样品量很少，不仅能独立完成某一方面的定性、定量测定，而且还能与其他方法相互印证和补充，已成为研究物质的物理性质、化学性质及其化学变化过程的重要手段。表 7-2 是一些热分析技术的主要应用范围。

表 7-2　热分析技术的主要应用范围

应用范围	TG	DTA	DSC	TMA	DMA	EGA	热电学法	热光学法
相转变、熔化、凝固	—	••	•••	•	—	—	••	•••
吸附、解吸	•••	••	•••	—	—	••	—	••
氧化还原、裂解	•••	••	•••	—	••	••	—	••
相图制作	••	•••	•••	•	—	—	—	••
纯度测定	—	••	•••	—	—	—	—	—
热固化	—	—	—	••	••	—	—	—
玻璃化转变	—	••	•••	•••	••	—	•	••

应用范围	TG	DTA	DSC	TMA	DMA	EGA	热电学法	热光学法
软化	—	—	•	•••	•	—	•	•
结晶	—	••	•••	••	•	—	•	••
比热容测定	—	••	•••	—	—	—	—	—
耐热性测定	•••	•••	•••	••	••	••	•	••
升华、反应和蒸发速率测定	•••	••	••	—	—	•••	•	••
膨胀系数、黏度测定	—	—	—	•••	—	—	—	—
黏弹性	—	—	—	•••	•••	—	—	—
组分分析	•••	••	•••	—	•	•••	••	••
催化研究	—	••	••	—	—	••	—	—

注：•••——最适用；••——可用；•——某些样品可用。

7.2 铸造热分析法及其应用

7.2.1 铸造热分析法的基本原理

在研究金属及合金的相变时，一般根据金属及合金在加热或冷却过程中温度的变化来确定其相变温度。长期以来，这种方法被用于研究金属和合金的结晶、相图制作等，尤其在铸造生产中，作为检验和控制合金质量的重要方法，一直沿用至今。在本章中将该法统称为铸造热分析法。

铸造热分析法是基于测定金属或合金的冷却曲线来研究凝固过程中发生的各种相变，冷却曲线是指金属或合金在凝固过程中，其温度随时间变化的曲线。在金属和合金中，无论发生哪一种相变，如加热时的熔化、冷却时的结晶、固态中过剩相的溶解（析出），都伴随有热量的吸收或释放，从而使得加热或冷却过程中温度变化的连续性受到破坏，并显示出温度的特征值。也就是说，由于"热效应"的影响，加热或冷却曲线上出现了"拐点"和"平台"。拐点或平台依热效应的大小而变化，如果在加热或冷却过程中不产生相变，冷却曲线就不会出现显著的变化。因此，根据冷却或加热曲线就可以确定相变的温度。

7.2.2 铸造热分析曲线的特征

以共晶合金的凝固过程为例，对热分析曲线特征做简要介绍。图 7-1 是共晶合金的冷却曲线。共晶合金在恒温下结晶，图中水平线段的开始点 a 表示结晶的开始，线段的终点 b 表示结晶终了。在缓慢的冷却条件下，水平线段的温度接近于平衡结晶温度。

亚共晶或过共晶成分的合金在某一温度范围内结晶，其冷却曲线上出现拐点，如图 7-2 所示，这是因为液态合金开始结晶时，伴有热量析出，从而减慢了合金的冷却速率，冷却曲线的斜率减小，曲线上形成了拐点，拐点表示初晶析出，结晶过程开始。当出现第二个拐点或平台时，表示共晶结晶开始，共晶结晶在恒温下进行，因此出现了共晶平台。当共晶转变结束时，凝固完毕，此时冷却曲线上出现第三个拐点。

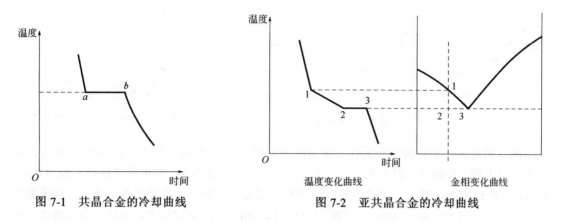

图 7-1　共晶合金的冷却曲线　　　　图 7-2　亚共晶合金的冷却曲线

　　在实际测试中，由于各种因素的影响，测得的冷却曲线常常偏离理想情况。例如，液体金属的冷却速率快或其他原因使金属液过冷时，冷却曲线出现过冷谷，然后由于潜热的放出，温度回升，如果试样大小合适、金属容量足够，曲线上还能呈现水平段，如图 7-3（a）所示；若放出的热量不足以使温度回升而呈现水平段，则会得到如图 7-3（b）所示的圆滑过渡、缓慢下降的曲线。另外，由于热电偶的保护管具有一定的厚度，当液体金属温度下降时，热惯性使热电偶的温度稍高于金属试样温度。这样，在金属开始结晶时，热电偶不能立即指示出金属的真实温度，冷却曲线的水平线段开始处略呈圆角。同样，当金属完全凝固时，冷却曲线的水平段结束处亦呈圆角缓慢过渡，如图 7-3（c）所示。

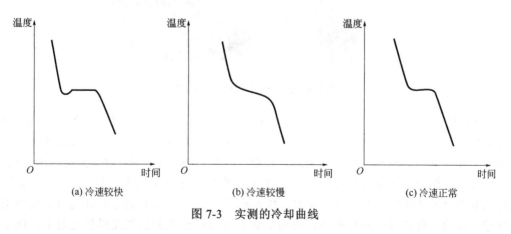

图 7-3　实测的冷却曲线

7.2.3　铸造热分析法测试装置

　　铸造热分析测试系统的框图如图 7-4 所示。整个测试系统由一次感受元件和二次仪表两部分组成。一次感受元件包括样杯和热电偶；二次仪表包括数据记录、结果显示等装置。液态金属浇入样杯后，热电偶测得的数据由传输导线送到二次仪表，二次仪表对数据进行处理，最后由记录仪显示"温度-时间"曲线。铸造热分析测试仪实物图如图 7-5 所示。

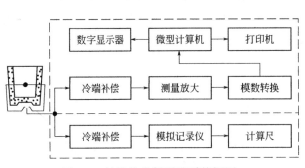
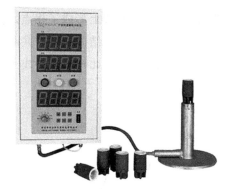

图 7-4 铸造热分析测试系统框图	图 7-5 铸造热分析测试仪实物图

热电偶是温度的直接感受元件。常用的热电偶有"铂铑-铂"及"镍铬-镍硅"两种。前者大多用于钢、铸铁等高温合金，后者用于铜、铝等中低温合金。热电偶丝直径一般为 $0.3\sim0.6$mm，过粗则热惰性大、灵敏度差，过细则强度低、易断。热电偶丝外部用石英玻璃管保护，石英管内径为 $1.0\sim2.0$mm，壁厚为 $0.5\sim1.0$mm。在测试过程中，应防止金属液进入石英管内，以免影响测试结果，造成失误。

样杯一般多采用壳型，材料为树脂砂、冷硬树脂砂，有时也用合脂砂或油砂，实物图如图 7-6 所示。样杯的壁厚应满足合金液不同冷却速度下的强度要求。样杯的内腔尺寸应能使试样具有合适的体积，即在保证试样冷却曲线温度特征值全部出现的前提下以最大的速度凝固。

图 7-6 铸造热分析样杯实物图

样杯的结构种类较多，图 7-7 所示为几种典型的铸造热分析样杯结构，图 7-7（a）中热电偶采用 U 型石英玻璃管保护，其优点是热惰性较小、反应敏感、测温读数较准确，但由于采用 U 型石英管，样杯的加工和制造较复杂。图 7-7（b）为方形样杯，热电偶横穿试样，靠毛细石英管保护，具有较高的动态响应速度。图 7-7（c）为圆形样杯，靠双孔陶瓷管保护的热电偶位于试样轴线上，结构简单、成本较低。图 7-7（d）所示样杯为我国铸造工作者自行研制的一种低成本圆形样杯，热电偶靠双孔细瓷管保护安装在样杯支架上，属半永久型测温元件。

二次仪表分为通用的热分析仪表和专用的热分析仪表。二次仪表的功能是记录热分析曲线并进行必要的数据处理，以及通过适当的显示装置输出结果。早期的常规热分析仪多采用自动平衡记录仪来记录冷却曲线。随着计算机技术的发展，铸造热分析仪实现了微机化和智能化。热电偶输出的电压信号经放大器放大，由 A/D 转换器变成数字量送计算机处理和记录，并以数字形式显示和打印。

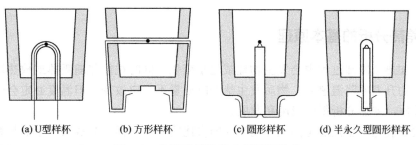

(a) U型样杯　(b) 方形样杯　(c) 圆形样杯　(d) 半永久型圆形样杯

图 7-7　典型的铸造热分析样杯结构

7.2.4　铸造热分析法的应用

工业上使用较多的铸铁材料是亚共晶灰铸铁，其一次结晶过程对分析灰铸铁的凝固过程和组织形貌具有很重要的作用。图 7-8 为实测的亚共晶灰铸铁冷却曲线。

在图 7-8 中，T_L 是液相线温度，T_E 是共晶温度。当铁水冷却到 T_L 以下的 a 点时，冷却曲线上出现拐点，表示初生奥氏体开始析出。随着温度不断下降，奥氏体继续析出。b 点温度低于 T_E，b 点为实际共晶转变开始温度。在共晶转变的初始阶段，由于放出结晶潜热的速度低于散热速度，因此温度继续下降。至 c 点达到共晶转变的最大过冷度，即共晶停留最低温度。此时，由于共晶转变中晶核的大量形成和生长，放出结晶潜热的速度超过散热速度，引起温度回升，直到共晶停留的最高温度 d 点。由于过冷度自动减小，使结晶速度以及相应的潜热释放的速度放慢，温度又重新有所下降，至 e 点整个共晶转变结束，亦即一次结晶凝固终了。

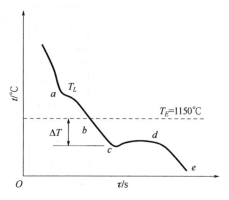

图 7-8　亚共晶灰铸铁的冷却曲线

从以上分析可以看出，冷却曲线表示了试样冷却过程中，潜热释放速度与散热速度之间的关系。在测试中，只要试样尺寸、铸型的材料与尺寸、浇注温度、热电偶安放位置、环境温度等保持稳定，则冷却曲线的形状就取决于金属的凝固特性。因此，根据合金的结晶理论，便能以冷却曲线的形状及温度特征值的变化来判断合金的组织转变过程以及组织结构。

在铸造生产中，热分析技术还可应用于测定合金的主要化学成分及铸造性能、测定并控制合金的共晶团数目、测定球墨铸铁的球化及孕育状况等。

7.3　差热分析

差热分析（differential thermal analysis, DTA）是在程序控制温度下测量试样与参比物（在测量温度范围内不发生任何热效应的物质，如 $\alpha\text{-}Al_2O_3$、MgO）之间的温度差与温度或时间关系的一种技术，其使用最早，应用最广泛。差热分析法能较精确地测定和记录一些物质在加热过程中发生的失水、分解、相变、氧化还原、升华、熔融、晶格破坏以及物质间的相互作用等一系列的物理化学现象，并借以判定物质的组成及反应机理。

7.3.1 差热分析的基本原理

物质在加热或冷却过程中会发生物理或化学变化，同时往往伴随吸热或放热现象，改变了物质原有的升温或降温速率。物质发生焓变时质量不一定改变，但温度必定会改变。基于物质此类性质，差热分析得以应用和发展。

将在实验温区内呈热稳定的已知物质（即参比物）和试样一起放入一个加热系统中，并以线性程序温度对它们加热。在试样没有发生吸热或放热变化且与程序温度间不存在温度滞后时，试样和参比物的温度与线性程序温度是一致的。若试样发生放热变化，由于热量不可能从试样瞬间导出，试样温度偏离线性升温线，且向高温方向移动。反之，向低温方向移动。

为了方便，经常利用温差热电偶线路测量试样与参比物的温度差，差热分析仪工作原理简图如图 7-9 所示。

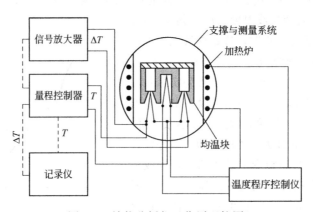

图 7-9　差热分析仪工作原理简图

从图 7-9 中可以看出，差热分析仪主要由试样支撑与测量系统、加热炉、温度程序控制仪和记录仪等组成。

试样支撑与测量系统包括热电偶、坩埚等，有的仪器还有陶瓷或金属均温块，用来使热量分布均匀，消除试样内的温度梯度。试样和参比物分别放入杯状坩埚中，而坩埚底部有个小孔，恰好使装在支承座上的热电偶头插入。加热炉是具有较大均匀温度区域的热源，温度是程序控制的，并具有一定的升温速率，没有任何明显的热滞后现象，为避免氧化，还可封入 N_2、Ne 等惰性气体。温度程序控制仪根据需要对加热炉供给能量，以保证获得线性的温度变化速率。记录仪用来显示或记录热电偶的热电势信号。

差热分析仪的工作原理：在差热分析仪中，样品和参比物分别装在两个坩埚内，放入加热炉内的样品台上，两个热电偶反向串联（同级相连，产生的热电势正好相反），分别放在样品和参比物坩埚下进行测温，炉温由温度程序控制仪控制。在炉温缓慢上升的过程中，如果试样温度 T_1 和参比物温度 T_2 相同，则 $\Delta T = T_2 - T_1 = 0$，记录仪上没有信号。如果试样由于热效应的发生或比热容的改变而使温度发生变化，而参比物无热效应时，$\Delta T \neq 0$，闭合回路内有温差电势产生，经信号放大器放大后输送到记录仪，记录仪上记录 ΔT 的大小。当试样的热效应结束时，试样的温度再次与参比物的温度相同，$\Delta T = 0$，信号指示再次回到零。获得的实验数据以 DTA 曲线形式表示，横坐标为时间或温度，纵坐标为试样和参比物之间的温度差。吸热过程以向下的峰表示，放热过程以向上的峰表示，如图 7-10 所示。

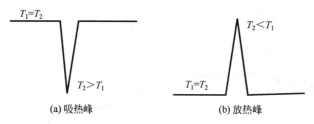

$$(a) 吸热峰 \qquad\qquad (b) 放热峰$$

图 7-10　差热分析曲线的吸热峰和放热峰

7.3.2　差热分析曲线解析

（1）差热分析曲线基本特征

图 7-11 所示为典型的 DTA 曲线，当试样和参比物一起等速升温时，在试样无热效应的初始阶段，它们间的温度差为零，得到的差热曲线是近于水平的基线（T_1 至 T_2）。当试样吸热时，由于有传热阻力，在吸热变化的初始阶段，传递的热量不能满足试样变化所需的热量，这时试样温度降低。当 ΔT 达到仪器已能测出的温度时，就出现吸热峰的起点 T_2，在试样吸收的热量等于加热炉传递的热量时，曲线到达吸热峰顶 T_{min}。当炉子传递的热量大于试样吸收的热量时，试样温度开始升高，曲线折回，直到 ΔT 不再能被测出，吸热过程结束（T_3）。反之，试样放热时，出现放热峰的起点 T_4。当释放出的热量和导出的热量相平衡，曲线到达放热峰顶 T_{max}。当导出的热量大于释放出的热量，曲线便开始折回，直至试样与参比物的温度差接近零，仪器测不出为止。此时曲线回到基线，成为放热峰的结束点（T_5）。T_1 至 T_2、T_3 至 T_4 及 T_5 以后的基线均对应着一个稳定的相或化合物。但由于与反应前的物质在热容等热性质上的差别使它们通常不在一条水平线上。

根据差热分析曲线的特性，如吸热峰和放热峰的个数、位置和形状等，可定性分析材料的物理或化学变化过程，这是差热分析最主要的应用。材料发生各种物理或化学变化时的吸热和放热情况见表 7-3，这些信息有助于差热分析曲线的分析。

表 7-3　材料发生物理或化学变化时的吸热和放热情况

现象		吸热	放热	现象		吸热	放热
物理变化	结晶转变	√	√	化学变化	化学吸附		√
	熔融	√			析出	√	
	汽化	√			脱水	√	
	升华	√			分解	√	
	吸附		√		氧化度降低		√
	脱附	√			氧化（气体中）		√
	吸收	√			还原（气体中）	√	
					氧化还原反应	√	√

（2）DTA 曲线转变点温度确定

测差热分析曲线的目的之一是确定转变点的温度。确定转变点温度的方法见图 7-12。

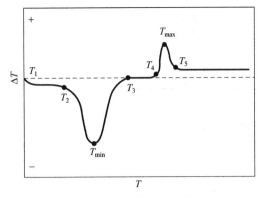

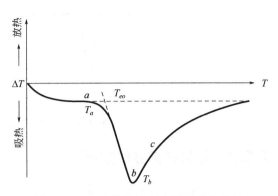

图 7-11　典型的 DTA 曲线　　　　　图 7-12　DTA 曲线转变点温度确定方法

当有热效应发生时，曲线便开始离开基线，此点称为始点温度，标以 T_a。该点与仪器的灵敏度有关，灵敏度越高则出现越早，即 T 值越低。取基线延长线与曲线起始边切线交点的温度 T_{eo} 为 DTA 曲线的转变点温度，此温度最接近热力学的平衡温度。

（3）DTA 曲线峰面积确定

DTA 曲线峰面积是反应热的一种度量。发生热反应时，试样的基本性质（主要是热传导、密度和比热容）发生变化，使热分析曲线偏离基线，这给作图计算面积造成一定困难，难以确定面积的包围线。可以采用如下经验方法确定面积包围线，如图 7-13 所示。

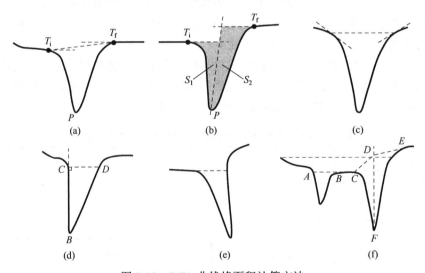

图 7-13　DTA 曲线峰面积计算方法

① 在图 7-13（a）中，分别作反应开始前和反应终止后的基线延长线，它们离开基线的点分别是 T_i（反应始点）和 T_f（反应终点），连接 T_i、峰顶 P、T_f 各点，便得峰面积，这就是 ICTA 所规定的方法。

② 由基线延长线和通过峰顶 P 作垂线，与 DTA 曲线的两个半侧所构成的两个近似三角形面积 S_1、S_2［图 7-13（b）中以阴影表示］之和表示峰面积：

$$S=S_1+S_2 \tag{7-4}$$

③ 如果曲线具有对称峰，见图 7-13（c），则可以将峰两侧曲率最大点连线，并与峰顶

组成峰面积。

④ 若 DTA 曲线见图 7-13（d），则可以在图中的 *C* 点作切线的垂线，将所得三角形 *BCD* 面积作为所求的峰面积。

⑤ DTA 曲线见图 7-13（e），峰形很明确而基线有移动的吸热峰，也可采用直接延长原来的基线而得峰面积的简单方法。

⑥ 对于基线有明显移动的情形，需画参考线，见图 7-13（f），从有明显移动的基线 *BC* 连接 *AB*，显然这是视 *BC* 为产物的基线。第二部分面积是 *CDEF*，*DF* 是从峰顶到基线的垂线。

在上述的实例中，DTA 峰具有较规则的形状，并且峰与峰之间很好地分开。但实际上常常不是如此，往往出现重叠和交错的峰，使解释这些峰产生了一定困难。改变实验条件可以改善峰的位置和增加峰的清晰度，例如，改变加热速度、稀释试样、增加或降低气体的压力等。解释 DTA 曲线常常需要熟练的技术和一定经验，除了最简单的体系外，不借助其他测试手段所得的结果来解释 DTA 曲线是很不可靠的。

7.3.3　影响差热分析曲线的因素

（1）样品方面的因素

① 热容和热导率变化。试样的热容和热导率的变化会引起差热曲线的基线变化。一台性能良好的差热分析仪的基线应是一条水平直线，但试样差热曲线的基线在热反应的前后往往不会停留在同一水平线上。这是由于试样在热反应前后热容或热导率变化的缘故。

② 样品的用量。样品用量多，热效应大，峰顶温度滞后，容易掩盖邻近小峰谷，特别是反应过程中有气体放出的热分解反应，样品用量会影响气体到达样品表面的速度。样品颗粒越大，峰形趋于扁而宽，反之，颗粒越小，热效应温度偏低，峰形变小。样品的结晶度好，峰形尖锐，结晶度不好，则峰面积要小。

③ 参比物。又称基准物质或中性体，当参比物的热物性与试样十分相近时，DTA 曲线的基线偏离很小；两者相差较大时，基线偏离增大。

（2）仪器方面的因素

① 炉子的炉膛直径越小、长度越长，均温区就越大，且均温区内的温度梯度就越小。

② 热电偶的性能、接点位置、类型和大小等因素都会影响差热分析的结果（如差热曲线的峰形、峰面积及峰温等）。此外，热电偶在样品中的位置不同，也会使峰面积有所改变。将热电偶热端置于坩埚内样品的中心位置可以获得最大的热效应。因此，热电偶应插入到样品和参比物相同的深度位置。

（3）实验条件方面的因素

① 升温速率。升温速率快，差热峰尖而窄，形状拉长，甚至引起相邻峰重叠，掩盖一些小的吸热、放热峰；升温速率慢，差热峰宽而矮，形状扁平，热效应起始温度越超前，峰位越向低温方向迁移。

② 气氛。不同气氛（氧化性、还原性、惰性）对差热曲线的影响很大，如碳酸盐、硫化物、硫酸盐等矿物的加热过程受气氛影响较大，当炉内气氛的气体与样品的热分解产物一致时，分解反应所产生的起始、终止和峰顶温度向高温区移动（此情况在封闭系统中尤为突出）。

③ 压力。压力对差热分析中体积变化很小的样品影响不大，但对体积变化大的样品影响较大。外界压力增大，样品的分解、分离、扩散速度等均降低，热反应温度向高温方向移动；外界压力降低，样品的分解、分离、扩散速度等均加快，热反应温度移向低温方向。

7.3.4 差热分析的应用

DTA 曲线提供的信息有：峰的位置、峰的形状、峰的个数。依据 DTA 曲线特征，如各种吸热与放热峰的个数、形状及相应的温度等，可定性分析物质的物理或化学变化过程，还可根据峰面积半定量地测定反应热。

（1）过共晶合金相变温度的测定

图 7-14 是 A、B 两组元构成的二元共晶相图，A、B 两组元在液态下完全互溶，在固态下不互溶。C 成分的合金是过共晶合金，室温组织由初生相 β 和共晶体（α+β）组成。C 成分的合金加热到 1 点温度并保温一段时间后，为均匀的液相。合金缓慢冷却，测得的冷却曲线见图 7-15。冷却至 2 点时，β-相开始从液相中析出；冷却至 3 点时，发生共晶转变 L→（α+β），共晶转变在恒温下进行；共晶转变后冷却至室温没有新相析出。

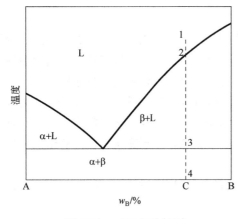

图 7-14 二元共晶相图

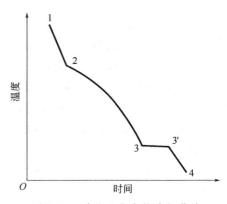

图 7-15 过共晶合金的冷却曲线

尽管用上述测冷却曲线的方法能够确定转变温度，但其精度较低。差热分析的灵敏度高，用差热分析测定金属的相变温度能得到精确的结果。图 7-16 是 C 成分合金的 DTA 曲线，冷却至 2 点时开始析出 β-相，在 3-3′ 之间发生共晶转变，共晶转变后没有新相析出。

（2）亚共析钢固态相变的测定

在图 7-17 中，曲线 1 是试样的冷却曲线，曲线 2 是参比物的冷却曲线，曲线 3 是试样的差热分析曲线。由曲线 1 可见，当温度达到 A_{r_3} 时，先共析铁素体开始析出；当温度达到 A_{r_1} 时，开始共析转变。由曲线 2 可见，参比物在冷却中不发生任何相变，参比物的温度均匀下降。曲线 3 是由曲线 1 和曲线 2 的温度相减得到的。先共析铁素体析出和共析转变使差热分析曲线上出现两个放热峰。

（3）二元相图测定

图 7-18（a）是一个包括共晶、包晶转变的二元相图，图 7-18（b）是相图中 1，2，3，…，8 点合金的差热分析曲线。

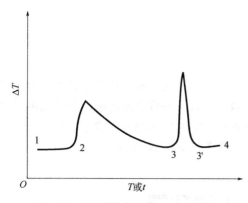

图 7-16　过共晶合金的 DTA 曲线

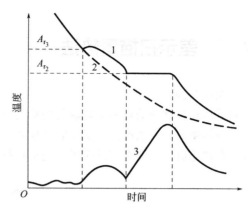

图 7-17　亚共析钢的冷却曲线和差热分析曲线

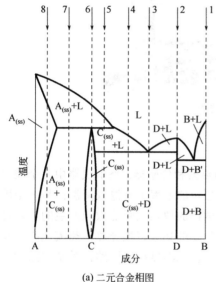

(a) 二元合金相图

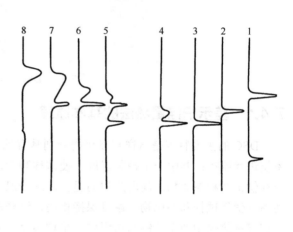

(b) 相图中对应各点合金的DTA曲线

图 7-18　二元合金相图及相应的 DTA 曲线

脚注（ss）表示固溶体

　　曲线 1 表示 B 组元的多型性转变。

　　曲线 2 表示化合物 D 加热过程的转变，其熔点高于附近成分的合金，峰形尖锐。

　　曲线 3 表示共晶成分合金在共晶点处转变为液相，此共晶转变热效应最大，峰形尖锐。

　　曲线 4 表示成分介于共晶点与包晶点之间的合金加热过程的转变，共晶峰面积较小，峰形一直延续到熔化。

　　曲线 5 第一个峰表示以化合物为基的固溶体 $C_{(ss)}$ 和中间化合物 D 转变为 $C_{(ss)}$+L；第二个峰对应于包晶转变温度；第三个峰表示部分 $A_{(ss)}$ 转变为 L，直至全部转变为 L。

　　曲线 6 第一个峰值对应于 $C_{(ss)}$ 在包晶温度下分解为 $A_{(ss)}$ 和 L，是以化合物为基的固溶体在包晶温度下熔化，此热效应较大；第二个峰为 $A_{(ss)}$+L $\longrightarrow$ L，峰形略宽。

　　曲线 7 的第一个峰对应于 $A_{(ss)}$+$C_{(ss)}$ $\longrightarrow$ $A_{(ss)}$+L，反应热效应较小；第二个峰值对应于 $A_{(ss)}$+L $\longrightarrow$ L，峰形较宽。

　　曲线 8 的第一个峰形平坦不明显，即 $A_{(ss)}$+$C_{(ss)}$ $\longrightarrow$ $A_{(ss)}$；第二个峰较宽且明显，表示为 $A_{(ss)}$+L $\longrightarrow$ L。

7.4 差示扫描量热法

差示扫描量热法（differential scanning calorimetry，DSC）是在程序控温条件下，测量输入到试样和参比物的功率差与温度关系的一种测试技术。其主要特点是使用的温度范围比较宽、分辨率高和灵敏度高。由于它能定量地测定各种热力学参数和动力学参数，所以在应用科学和理论研究中获得广泛应用。差示扫描量热仪实物图如图 7-19 所示。

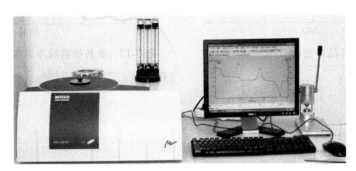

图 7-19　DSC 200F3 实物图

7.4.1 差示扫描量热法的基本原理

DSC 的主要特点是试样和参比物分别具有独立的加热器和传感器。整个仪器由两个控制系统进行监控：其中一个控制温度，使试样和参比物在预定的速率下升温或降温；另一个用于补偿试样和参比物之间所产生的温差。这个温差是由试样的放热或吸热效应产生的。通过功率补偿使试样和参比物的温度保持相同，这样就可由补偿的功率直接计算出热流速率。差示扫描量热仪由两个控制回路组成：平均温度控制回路、差示温度控制回路。其基本结构和工作原理见图 7-20。

平均温度控制回路用于控制样品以预定程序改变温度。在平均温度控制回路中，试样、参比物支持器的铂电阻温度计 R_s、R_r 分别输出一个与其温度成正比的信号。两者输入平均温度控制器后得到平均温度信号，与程序温度控制器发出的特定信号相比较，经放大器来调节，消除上述的比较偏差，以达到按程序控制要求等速升（降）温的目的。将程序温度控制器的信号输入记录器的横轴，以此记录温度值。

差示温度控制回路的作用是维持两个样品支持器的温度始终相等。在差示温度控制回路中，将 R_s、R_r 信号输入差示温度放大器，其差值经放大后，调节试样和参比物支持器的补偿功率 W_s 和 W_r 的大小，使两者温度始终保持相等。将与试样和参比物补偿功率之差成正比的信号输入到记录器，以此得到 DSC 曲线的纵坐标。

平均温度控制回路与差示温度控制回路交替工作，受时基同步控制电路所控制，交替次数一般为 60 次/s。

7.4.2 DSC 曲线的影响因素

影响 DSC 曲线的因素与 DTA 基本类似，但 DSC 常用于定量分析，要求较为精确，因此，有的因素对 DSC 曲线的影响更为重要，其主要的影响因素大致有下列几个方面。

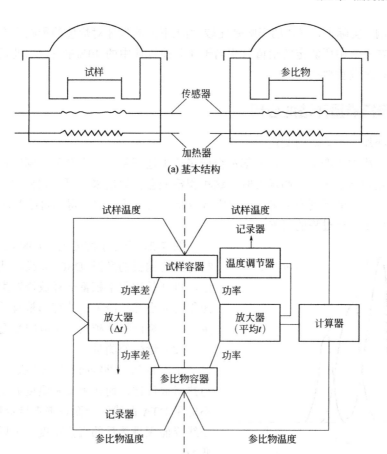

(a) 基本结构

(b) 工作原理框图

图 7-20　DSC 基本结构和工作原理示意图

（1）样品因素

① 样品用量。样品量少，样品的分辨率高，但灵敏度下降，可根据样品热效应大小调节样品量，一般 3～5mg。另外，样品量多少对所测转变温度也有影响。随样品量的增加，峰起始温度基本不变，但峰顶温度增加，峰结束温度也提高，因此如同类样品要相互比较差异，最好采用相同的量。

② 样品粒度。大颗粒的热阻较大，使试样的熔融温度和熔融焓偏低；带静电的粉状试样，由于粉末颗粒间的静电引力使粉末聚集，会引起熔融焓变大。

③ 样品的几何形状。样品的几何形状对 DSC 曲线的影响很显著。为了获得比较准确的峰温值，应增大样品与样品盘的接触面积，减少样品的厚度并采用慢的升温速率。

（2）升温速率

通常采用的升温速率范围为 5～20℃/min。一般来说，升温越快，灵敏度越高，但分辨率下降。一般选择较慢的升温速率以保持高的分辨率，而通过适当增加样品量的方法来提高灵敏度。因此在确定样品量时，应综合考虑分辨率和灵敏度。一般随着升温速率的增加，熔化峰起始温度变化不大，而峰顶和峰结束温度提高，峰形变宽。

（3）气氛

在实验中，一般对所通气体的氧化还原性和惰性比较注意，而往往容易忽视其对 DSC 峰温和焓值的影响。实际上，气体的影响是比较大的，不同的气体对焓值的影响也存在着明显的差别，例如，在氢气中所测定的焓值只相当于在其他气体中的40%左右。由此可见，选择合适的实验气体是至关重要的。

7.4.3　差示扫描量热法的应用

（1）金属冷加工积蓄能的测定

金属在进行冷加工变形之后，内部都会或多或少地产生一些点缺陷，同时还以应变的形式将一部分能量积蓄下来。升高温度时，这种积蓄能会释放出来。研究它们的释放方式或释放过程的活化能，就能得到点缺陷（如空穴或位错）的性质，明确得知再结晶温度。DSC可以方便直接地用于上述过程的研究。

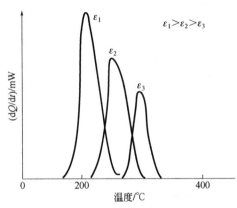

图 7-21　不同压缩变形的铜板
在升温时的 DSC 曲线

图 7-21 给出了纯度为 99.98%、于室温下轧制得到的铜板的升温 DSC 曲线。从图中可以看出，再结晶过程中积蓄能释放峰发生的温度和峰面积的大小都与冷加工的变形量有关，加工变形量越大，峰面积就越大，相应的峰温便越低。

（2）焓变的测量

由于 DTA 曲线峰面积与试样吸收热量成正比，与热阻成反比，而热阻又是温度的函数，所以，不能用 DTA 曲线的峰面积来直接定量热量。DSC 曲线峰面积是热量的直接量度，可以用来测量焓变 ΔH。

图 7-22 为聚对苯二甲酸乙二酯（PET）的 DSC 曲线。在升温到 81.8℃时，DSC 基线向吸热方向偏移，即发生玻璃化转变。到 87℃时，基线又开始平直。当升温到 140℃左右时，基线向放热方向出峰，峰顶为 164.3℃，到 200℃时峰结束，这个峰是结晶峰，根据量得的峰面积，求出结晶放热时的焓变为−32.5J/g。结晶峰的外延起始温度为 149℃。升温到 210℃时，基线又

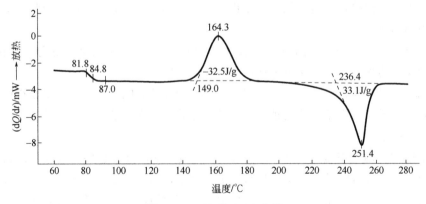

图 7-22　PET 的 DSC 曲线

向吸热方向出峰，峰顶温度为 251.4℃，到 265℃时，吸热峰结束，这是熔融峰，从量得的峰面积中，求得熔融吸热时的焓变为 33.1J/g。

（3）研究合金脱溶过程

固态合金原子的扩散、沉淀或溶解过程非常缓慢。现以含 0.023%C 的 Fe-C 合金为例，将试样退火后，进行淬火得到过饱和固溶体，讨论其脱溶过程。图 7-23 为试样的升温 DSC 曲线。经过透射电镜（TEM）分析证实，曲线上的峰 P_1 和 P_2 分别对应于从过饱和 α 固溶体中沉淀出的 ε 碳化物和渗碳体。

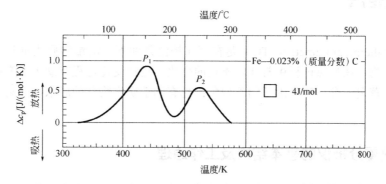

图 7-23　0.023%C 的 Fe-C 合金的 DSC 曲线

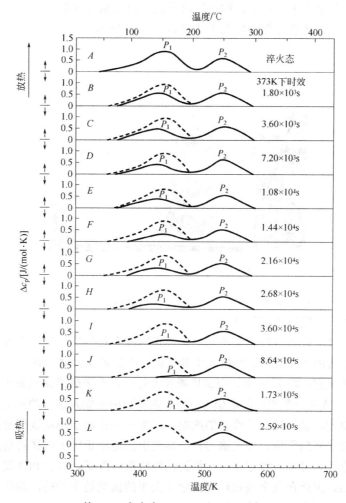

图 7-24　0.023%C 的 Fe-C 合金在 373K 下经不同时间处理后的 DSC 曲线

图 7-24 是在 373K 下经不同时间处理后该合金的 DSC 曲线。可以看出，随着等温时间延长，P_1 峰逐渐减小，并于 $2.59×10^5$s（即 72h）后完全消失，这时 ε 碳化物沉淀过程完成。在此条件下即使再延长时间，P_2 峰也不发生变化，即在 373K 下很难形成渗碳体。

7.5 热重法

热重法（thermogravimetry，TG）是在程序控温条件下，测量物质质量与温度关系的一种技术。许多物质在加热过程中常伴随质量的变化，这种变化过程有助于研究晶体性质的变化，如熔化、蒸发、升华和吸附等物理现象；也有助于研究物质的脱水、解离、氧化、还原等化学现象。

7.5.1 热重分析仪的基本结构及工作原理

热重分析仪实物图如图 7-25 所示。它的基本构造是由精密天平和线性程序控温的加热炉组成。热天平一般包括天平、炉子、程序控温系统、记录系统等部分，有的热天平还配有通入气氛或真空装置。带光敏元件的热天平结构如图 7-26 所示。

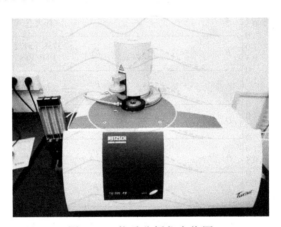

图 7-25　热重分析仪实物图

目前的热天平大多是根据天平横梁的倾斜与质量变化的关系来进行测定的。通常测定质量变化的方法有两种：偏斜式和零点式。

偏斜式的工作状态：当试样质量改变时，天平即偏离其零位，质量的改变正比于零位的位移量，这个位移量由差动变压器转换成电量变化，由记录仪自动记录。

零点式的工作状态：图 7-26 中，当试样质量变化时，天平横梁立刻发生倾斜，差动变压器随即输给 PID 调节器一个相应的电信号，PID 调节器根据输入信号的特征，输出一个符合自动控制规律的电流，供给磁力补偿器的线圈，产生一个正比于质量改变量的补偿力，使天平横梁迅速而平稳地回到零位。流过磁力补偿器线圈的电流正比于试样质量的改变量，再把这个电流转换成电压信号输入给记录仪，得到试样质量的改变。由于 PID 调节器的反应很灵敏、迅速而又平稳，因此在整个测试过程实际上天平的横梁是不动的，始终保持在零位，提高了称量的精度。

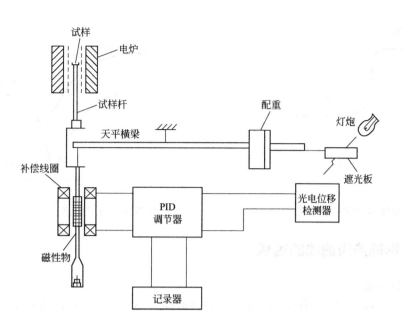

图 7-26　带光敏元件的热天平结构图

7.5.2　热重曲线分析

（1）热重曲线基本特征

由热重法记录的质量随温度变化的关系曲线称热重曲线，即 TG 曲线。其纵坐标为质量，由上向下表示质量减少。横坐标表示温度或时间，由左向右表示增加。例如固体的热分解反应：A（固）$\longrightarrow$ B（固）+C（气），其热重曲线如图 7-27 所示，TG 曲线上质量基本不变的部分称平台。曲线的第一平台 ab 表示试样的初始质量 m_0。曲线的第二平台 cd 表示试样在热分解后的质量 m_1。而 bc 段的台阶表示试样在此阶段发生质量变化。b 点所对应的温度 T_i 为台阶的起始温度，表示积累质量变化达到热天平可以检测时的温度。c 点所对应的温度 T_f 为台阶的终止温度，表示积累质量变化达到最大值时的温度，T_i 到 T_f 之间即为反应区间。

根据上述热重曲线可以计算出该固体热分解反应中的失重率为：

$$[(m_0-m_1)/m_0]\times100\% \tag{7-5}$$

式中　m_0——试样原始质量，mg；

　　　m_1——第一次失重后试样的质量，mg。

（2）微商热重曲线

在热重曲线中，水平部分（即平台）表示质量是恒定的，曲线斜率发生变化的部分表示质量的变化。因此对热重曲线进行一次微分即可得到微商热重曲线（DTG），热重分析仪若附带有微分线路就可同时记录热重曲线和微商热重曲线。

微商热重曲线的纵坐标为质量随时间的变化率，横坐标为温度或时间，如图 7-28 所示。

DTG 与 TG 比较，前者能更精确地反映出起始反应温度、达到最大反应速率的温度和反应终止的温度。能更明显地区分热失重阶段，更准确地显示出微小质量的变化。

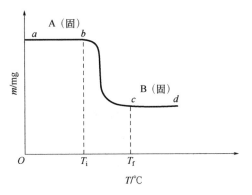

图 7-27 固体热分解反应的典型热重曲线

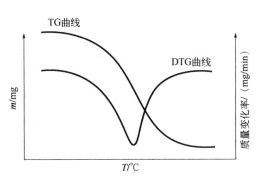

图 7-28 典型的热重和微商热重曲线

7.5.3 影响热重曲线的因素

（1）仪器因素

① 浮力的影响。试样周围的气体随温度升高而膨胀，密度减小，因而引起浮力减小。300℃时的浮力为室温时的 1/2 左右，而 900℃时为 1/4 左右。可见，在试样质量没有变化的情况下，由于升温，试样质量似乎在增加，这种现象称为表观增重。其值可以表示为：

$$\Delta m = V \rho (1 - 273 / T) \tag{7-6}$$

式中　Δm——表观增重，g；

　　　V——试样、试样容器和支持器的体积之和，cm^3；

　　　ρ——试样周围气体在 273K 时的密度，g/cm^3；

　　　T——热力学温度，K。

该式以 273K 为准，这时的表观增重为零。表观增重与温度的关系见图 7-29，200℃以前增重迅速，超过 200℃呈线性关系。

② 挥发物冷凝的影响。样品受热分解或升华，逸出的挥发物往往在热重分析仪的低温区冷凝。这不仅污染仪器，而且使实验结果产生严重偏差。

③ 温度测量的影响。在热重分析仪中，热电偶不与试样接触，试样的真实温度与测量温度之间是有差别的。另外，升温和反应所产生的热效应往往使试样周围的温度分布紊乱，引起较大的温度测量误差。因此，要获得准确的温度数据，要采用标准物质校核热重分析仪的温度。通常可利用一些高纯化合物的特征分解温度来标定，也可利用强磁性物质在居里点发生表观失重来确定准确的温度。

（2）实验因素

① 升温速率。研究表明，升温速率越大，所产生的热滞后现象越严重，往往导致热重曲线上的起始温度和终止温度偏高，温度区间变宽，使测量结果产生误差。图 7-30 为聚苯乙烯在不同升温速率下的热重曲线，从图中可以看出，随着升温速率的增大，反应的起始温度和终止温度升高，热重曲线向高温侧移动，产生热滞后现象。

② 气氛。热重分析通常是在动态气氛中进行的。气氛对热重曲线的影响与反应类型、分解产物的性质和所通气体的类型有关。

例如在 CO_2、Ar 和 O_2 气氛下，$Ca(CH_3COO)_2 \cdot H_2O$ 的热重曲线如图 7-31 所示。从图中可以看出，O_2 气氛下由于分解产物 CO 和 O_2 发生反应，分解温度移向较低温度。

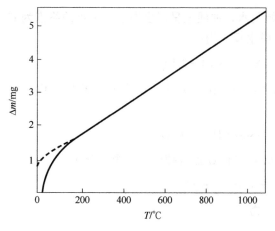

图 7-29　表观增重与温度的关系

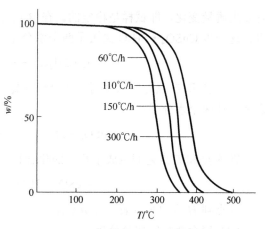

图 7-30　不同升温速率对聚苯乙烯热重曲线的影响

（3）试样因素

试样的用量和粒度都可影响热重曲线。试样的用量是从两个方面来影响热重曲线的：一方面，试样的吸热或放热反应会引起试样温度发生偏差，用量越大，偏差越大；另一方面，试样用量对逸出气体扩散和传热梯度都有影响，用量大，不利于热扩散和热传递。图 7-32 示出了 $CuSO_4 \cdot 5H_2O$ 不同用量的热重曲线，从图中可以看出，用量少所得结果比较好，TG 曲线上反应热分解中间过程的平台更明显。因此，要提高检测中间产物的灵敏度，应采用少量试样以得到较好的检测结果。

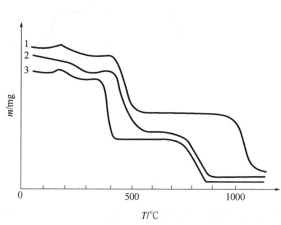
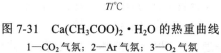

图 7-31　$Ca(CH_3COO)_2 \cdot H_2O$ 的热重曲线

1—CO_2 气氛；2—Ar 气氛；3—O_2 气氛

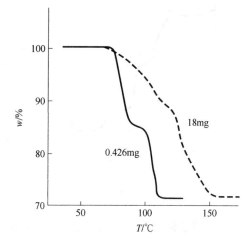

图 7-32　$CuSO_4 \cdot 5H_2O$ 不同用量的热重曲线

试样的粒度同样对热传导、气体扩散有着较大的影响。研究表明：粒度越细，反应速率越快，将导致热重曲线上反应起始温度和终止温度降低，反应区间变窄。

7.5.4　热重法的应用

（1）无机材料热分解过程

以 $CuSO_4 \cdot 5H_2O$ 脱去结晶水的反应为例，在图 7-33 中，TG 曲线在 A 点和 B 点之间没有发生质量变化，即试样是稳定的。在 B 点开始脱水，曲线上呈现出失重。失重的终点为 C 点。这一步 $CuSO_4 \cdot 5H_2O$ 失去了两个水分子，脱水反应为：

$$CuSO_4 \cdot 5H_2O \longrightarrow CuSO_4 \cdot 3H_2O + 2H_2O$$

在 C 点和 D 点之间试样再一次处于稳定状态。然后在 D 点进一步脱水。在 D 点和 E 点之间脱掉两个水分子：

$$CuSO_4 \cdot 3H_2O \longrightarrow CuSO_4 \cdot H_2O + 2H_2O$$

在 E 点和 F 点之间生成了稳定的化合物，从 F 点到 G 点脱掉最后一个水分子：

$$CuSO_4 \cdot H_2O \longrightarrow CuSO_4 + H_2O$$

G 点到 H 点的平台表示形成稳定的无水化合物。

（2）聚合物材料成分分析

许多复合材料都含有无机添加剂，它们的热失重温度往往要高于聚合物材料，根据热重曲线，可得到满意的分析结果。图 7-34 所示为混入一定质量比的 C 和 SiO_2 的聚四氟乙烯的 TG 曲线，可以看出，在 400℃ 以上聚四氟乙烯开始分解失重，留下 C 和 SiO_2，在 600℃ 时通入空气加速 C 的氧化失重，最后残留物为 SiO_2。根据图 7-34 的失重曲线，可得出聚四氟乙烯的质量分数为 31.0%，C 为 18.0%，SiO_2 为 50.5%，其余为挥发物（包括吸附的湿气和低分子物）。

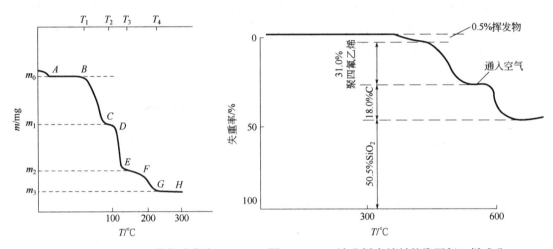

图 7-33　$CuSO_4 \cdot 5H_2O$ 的热重曲线　　图 7-34　TG 法分析含填料的聚四氟乙烯成分

热重法还可应用于以下方面：a.无机、有机和聚合物的热分解；b.金属在高温不同气体下的腐蚀；c.固态反应；d.矿物焙烧；e.液体汽化；f.煤、石油和木材的裂解；g.湿气、挥发物和灰分的测定；h.汽化和升华速率；i.脱水和升华速率；j.聚合物的热氧化裂解；k.共聚物组成以及添加剂的含量测定；l.爆炸物质分解；m.反应动力学研究；n.新化合物的发现；o.吸附和解吸附曲线。

 习题

1．差热分析的原理是什么？

2．差热分析中产生放热峰和吸热峰的可能原因有哪些？

3．简述影响差热曲线的因素。

4．差示扫描量热法的原理是什么？简述影响 DSC 曲线的因素。

5．DTA 和 DSC 两种方法有何异同？

6．简述热重法的原理及影响热重曲线的因素。

热电偶实验

一、实验目的

1. 了解热电偶、热电阻的结构。
2. 熟悉温度传感器的工作原理。
3. 掌握热电偶校验方法。

二、实验原理

不同导体形成的闭合回路中，由于两种材料存在电子密度的差异，导致接触面会产生自由电子的扩散，得到电子的一方带负电，失去电子的一方带正电，从而形成电场，此电场又使自由电子向相反方向产生漂移，当扩散和漂移达到动态平衡时，就建立了一稳定的电场，随之形成电势，此电势称为接触电势；由于温度差异，在同一材料中的自由电子的动能不同，动能高的自由电子向动能低的一方迁移，从而形成电场，此电场又使自由电子向相反方向产生漂移，当迁移和漂移达到动态平衡时，也建立了一稳定的电场，随之形成电势，此电势称为温差电势。当热电偶冷端温度恒定时，回路中总电势与热电偶热端的温度呈单调函数关系。因此，只要测得热电回路的电势，也就知道了热电偶的热端温度。

三、实验内容

1. 观察热电偶结构。
2. 观察热电阻结构。
3. 热电偶的校验。

四、实验仪器设备

热电偶、手动电位差计、管式电炉、标准热电偶、水银温度计、延伸导线等。

五、实验步骤

1．热电偶和热电阻结构观察。

（1）常见工业热电偶。

（2）铠装热电偶。

（3）工业常用热电阻。

2．热电偶、热电阻的使用方法。

分析分度号为 B、S、K、E、T 热电偶和 Cu、Pt 热电阻的使用环境、最高测温范围、常用测温范围、使用注意事项。

3．热电偶工业校验方法介绍。

（1）微差法

将同型号（同分度）标准热电偶与待检热电偶反向串联，测量其电势差，测量次数不小于 3 次，求其平均值。根据计算结果判断待检热电偶是否合格。

校验步骤如下。

a．微差法检定，计算偏差。

$$\Delta E = \Delta E' + C$$

式中　$\Delta E'$——标准热电偶与待检热电偶反向串联的平均电势差值；

　　　　C——标准热电偶在该检定温度下的电势值（在标准热电偶检定证书上给出）与热电偶分度表的数值的差值。

b．计算出检验目标点的电势率，即求得每毫伏代表多少摄氏度（℃/mV）。

c．求 ΔE 对应的温度。

d．查标准判断待检热电偶是否合格。

（2）比较法

将标准热电偶与待检热电偶放置在同一温度场内，分别测量各个热电势，测量次数不少于 3 次，求其平均值。根据计算结果判断待检热电偶是否合格。

校验步骤如下。

a．比较法检定，计算偏差。

$$\Delta E = E' - (e + c)$$

式中　E'——被检热电偶在检定点的平均电势差值；

　　　　e——标准热电偶在该检定温度下的电势平均值；

　　　　c——标准热电偶在该检定温度下的电势值（在标准热电偶检定证书上给出）与热电偶分度表的数值的差值。

b．计算出检验目标点的电势率，即求得每毫伏代表多少度（℃/mV）。

c．求 ΔE 对应的温度。

d．查标准判断待检热电偶是否合格。

4．设计热电偶的检验电路并检验热电偶。

根据实验室提供的仪器设备，对所给热电偶进行检验。

六、实验报告要求

1. 写出实验目的及内容。

2. 画出一种热电偶或热电阻传感器的结构，并说明常用 K、S、B、E 热电偶电极材料的特征。

3. 阐述热电偶的工作原理。

4. 画出两种热电偶的检验电路并加以说明，对检验结果进行分析。

思考题

1. 热电偶的工作原理是什么？

2. 热电阻的工作原理是什么？

3. 热电偶工业检验的方法主要有哪些？各有何特点？

4. 常用热电偶的最高使用温度和长期使用温度是多少？

一、实验目的

1. 了解温度控制电路设计思路、工作原理和方法。
2. 掌握智能仪表参数的设置及其对温度控制的影响规律。

二、实验原理

温度位式控制系统在温度低于设定下限参数时，开启加热设备，设备满功率运行，当温度高于设定上限参数时，关闭加热设备，完全停止加热。温度在下限与上限之间缓慢波动。位式控制温度有波动，设备启动、停止较频繁，但控制简单，可靠性高，设备成本低，应用广泛。

温度 PID 控制系统属于闭环控制，就是运用智能温控器控制加热，其中 P 是比例，当前温度与设定温度相差越大，则加热功率线性越大；I 是积分，有些系统温度与加热功率有滞后现象，只进行 P 控制会出现振荡，加入积分控制，在达到设定温度前提前减小加热功率，使温度的漂移减轻；D 是微分，可以根据变化趋势和变化速度控制加热功率，如在相同时间内温度下降幅度相差一半，则加热功率也相差一半。因此，通过 PID 加热控制，加热设备可以工作在不同的功率下，理论上可以实现实际温度与设定温度无误差控制。

三、实验内容

1. 设计与连接由电位差计、智能仪表和热电偶等组成的控温电路。
2. 设置智能仪表的 P、I、D 参数，观察控温精度变化情况。

四、实验仪器设备

热电偶、电位差计、智能仪表、管式电炉等。

五、实验步骤

1. 温度控制电路分析与设计。

（1）位式控制电路和 PID 控制电路的分析与设计。

（2）结果分析。

2. 温度控制电路的精度检验。

连接 PID 控制电路，依次改变 P、I、D 三个参数的参量，利用手动电位差计或智能仪表测量此时温度的波动范围，找出最大值及最小值，计算差值并记录。（P、I、D 原始参数设置为 100、200、60）

六、数据处理与分析

1. 学生自行将测得的数据与计算结果列表，进行计算。

2. 分组讨论并分析判断，得出检验结论。

七、实验报告要求

1. 写出实验目的和实验原理。

2. 画出磁电式仪表、电位差计、智能仪表、IPC 等元器件组成的控温电路，并说明其工作原理。

3. 做出 PID 参数对温度差值变化的影响曲线，总结分析 PID 参数对温度差值变化的影响规律，并估计较高控温精度的 PID 参数。

思考题

1. 温度控制系统中的仪表选择原则是什么？

2. 如何根据实际工况技术要求选择仪表、执行元件等？

一、实验目的

1. 了解热重法和差示扫描量热法的基本原理。
2. 掌握 STA449F3 型同步热分析仪的使用方法。
3. 测定样品的 TG-DSC 谱图，分析样品在加热过程中发生的物理或化学变化。

二、实验原理

热分析技术是指在程序控温和一定气氛下，测量试样的物理性质随温度或时间变化的一种技术。根据被测量物质的物理性质不同，常见的热分析方法有热重法、差示扫描量热法、差热分析等。热分析技术主要用于测量和分析试样在温度变化过程中的一些物理变化（如晶型转变、相态转变及吸附等）、化学变化（分解、氧化、还原、脱水反应等）及其力学特性的变化，通过这些变化的研究，可以认识试样的内部结构，获得相关的热力学和动力学数据，为材料的进一步研究提供理论依据。

综合热分析，就是在相同的热条件下利用由多个单一的热分析仪组合在一起形成综合热分析仪，对同一试样同时进行多种热分析的方法。

（1）热重法

热重法是在程序控温下测量物质的质量随温度或时间变化的关系的方法。通过分析热重曲线，可以知道样品及其可能产生的中间产物的组成、热稳定性、热分解情况及生成的产物等与质量相联系的信息。

从热重法可以派生出微商热重法，也称导数热重法，它是记录 TG 曲线对温度或时间的一阶导数的一种技术。实验得到的结果是微商热重曲线，即 DTG 曲线，以质量变化率为纵坐标，自上而下表示减少；横坐标为温度或时间，从左往右表示增加。DTG 曲线的特点是：它能精确反映出每个失重阶段的起始反应温度、最大反应速率温度和反应终止温度；DTG 曲线上各峰的面积与 TG 曲线上对应的样品失重量成正比；当 TG 曲线对某些受热过程出现的台阶不明显时，利用 DTG 曲线能明显地区分开来。

（2）差示扫描量热法

差示扫描量热法是在程序控温下测量单位时间内输入到样品和参比物之间的热量差（或功率差）随温度变化的一种技术。按测量方法的不同，DSC 可分为功率补偿型和热流型两种。功率补偿型 DSC 有两个独立的炉子（量热计），其基本思想是在样品和参比始终保持相同温度的条件下，测定为满足此条件样品和参比两端所需的热量差，并直接作为信号（热量差）输出。而热流型 DSC 只有一个炉子，样品和参比放在热皿板的不同位置，其基本思想是在给予样品和参比相同的功率下，测定样品和参比两端的温差，然后根据热流方程，将温差换算成热量差作为信号输出。

DSC 直接反映试样在转变时的热量变化，便于定量测定。试样在升（降）温过程中，发生吸热或放热，在 DSC 曲线上就会出现吸热或放热峰。试样发生力学状态变化（如玻璃化转变）时，虽无吸热或放热，但比热有突变，在 DSC 曲线上是基线的突然变动。试样对热敏感的变化能反映在 DSC 曲线上。

三、实验设备及材料

1．待测样品、Al_2O_3 坩埚、电子天平。

2．天平、水浴系统、计算机、STA449F3 型同步热分析仪（如附图 1 所示）。

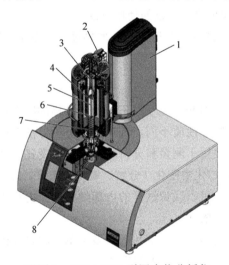

附图 1　STA449F3 型同步热分析仪

1—升降设备；2—出气阀；3—热电偶；4—加热单元；5—样品支架；6—保护管；7—防辐射片；8—天平系统

四、实验内容及步骤

（1）样品准备

① 确保样品及其分解产物不会与坩埚、支架、热电偶或吹扫气体进行反应。

② 为了保证测量精度，测量所用的 Al_2O_3 坩埚（包括参比坩埚）必须预先进行热处理到等于或高于其最高测量温度。

③ 测试样品为粉末状、颗粒状、片状、块状、固体、液体均可，但需保证与测量坩埚底部接触良好，样品应适量（常规为在坩埚中放置 1/3 厚或 15mg），以便减小在测试中样品温度梯度，确保测量精度。

④ 样品称重，建议使用 0.01mg 以上精度的天平称量。

⑤ 对热反应激烈的试样或会产生气泡的试样，应减少用量。同时坩埚加盖，以防飞溅，损伤仪器。

（2）开机

按顺序开恒温水浴、STA449F3 型同步热分析仪主机、电脑、保护气（不大于 0.05 MPa）。为保证仪器稳定精确地测试，所有仪器可不必关机。恒温水浴及其他仪器应至少提前 1h 打开。

（3）样品测试

① 双击桌面上"NETZSCH -Proteus-6"图标，再双击"STA 449F3 on USBc 1"图标，进入 STA 操作界面。

② 待界面右下角有温度与电压数值显示后，开始设置。点击诊断，选择气体与开关，在弹出的对话框里选择吹扫气 2 与保护气。

③ 烧基线。将两个空坩埚用镊子小心放入样品支架上，关闭炉体。选择文件新建，在跳出的对话框里选择"是"，在新弹出的对话框里，选择修正测量类型，并填好编号、名称等信息，点"继续"，依次选择温度校正文件与灵敏度校正文件，进入温度程序设置，点"继续"，保存，确定，再点"开始"，进入修正文件测量。

④ 测量完成后，冷却。再将制好的样品用镊子小心放入样品支架靠操作者一侧上，关闭炉体。

⑤ 选择文件打开，在新弹出的对话框里，选择步骤③的基线，选择样品+修正测量模式，并填好编号、质量、名称等信息，点"继续"，保存，确定，再点"开始"，进入样品测量。

⑥ 冷却。气体保持开通，待温度冷却到 200℃ 以下时，可打开炉体冷却。

五、实验报告要求

1. 写出实验目的和实验仪器，简述实验原理和内容。

2. 绘制 TG 曲线并分析各个质量变化区间的质量变化率。

3. 绘制 DSC 曲线并分析反应开始温度、峰值温度、焓。

六、注意事项

1. 支架杆为氧化铝材料，拿放时一定小心，防止跌落而损坏。

2. 每次降下炉子时要注意看看支架位置是否位于炉腔口中央，防止碰到支架盘而压断支架杆。

3. 推荐使用的升温速率为 10～30K/min，温度超过 1200℃ 时建议不超过 20K/min、不要小于 5K/min。应避免在仪器极限温度附近进行长时间（超过半小时）的恒温。

4. 使用 TG-DSC 支架加铂铑坩埚时要注意，当温度超过 1200℃，在铂铑坩埚和支架间必须加氧化铝垫片，防止铂金属粘连而损坏坩埚和支架盘。

5. 测试过程中保持气流稳定。

6. 实验完成后，必须等炉温降到 200℃ 以下后才能打开炉体。

附录 1

铂铑10-铂热电偶分度表

分度号：S

（参考端温度为0℃）

温度 /℃	热电动势/mV									
	0	1	2	3	4	5	6	7	8	9
−40	−0.194	−0.199	−0.203	−0.207	−0.211	−0.215	−0.219	−0.224	−0.228	−0.232
−30	−0.150	−0.155	−0.159	−0.164	−0.168	−0.173	−0.177	−0.181	−0.186	−0.190
−20	−0.103	−0.108	−0.113	−0.117	−0.122	−0.127	−0.132	−0.136	−0.141	−0.146
−10	−0.053	−0.058	−0.063	−0.068	−0.073	−0.078	−0.083	−0.088	−0.093	−0.098
−0	0	−0.005	−0.011	−0.016	−0.021	−0.027	−0.032	−0.037	−0.042	−0.048
0	0	0.005	0.011	0.016	0.022	0.027	0.033	0.038	0.044	0.050
10	0.055	0.061	0.067	0.072	0.078	0.084	0.090	0.095	0.101	0.107
20	0.113	0.119	0.125	0.131	0.137	0.142	0.148	0.154	0.161	0.167
30	0.173	0.179	0.185	0.191	0.197	0.204	0.210	0.216	0.222	0.229
40	0.235	0.241	0.248	0.254	0.260	0.267	0.273	0.280	0.286	0.292
50	0.299	0.305	0.312	0.319	0.325	0.332	0.338	0.345	0.352	0.358
60	0.365	0.372	0.378	0.385	0.392	0.399	0.405	0.412	0.419	0.426
70	0.433	0.440	0.446	0.453	0.460	0.467	0.474	0.481	0.488	0.495
80	0.502	0.509	0.516	0.523	0.530	0.538	0.545	0.552	0.559	0.566
90	0.573	0.580	0.588	0.595	0.602	0.609	0.617	0.624	0.631	0.639
100	0.646	0.653	0.661	0.668	0.675	0.683	0.690	0.698	0.705	0.713
110	0.720	0.727	0.735	0.743	0.750	0.758	0.765	0.773	0.780	0.788
120	0.795	0.803	0.811	0.818	0.826	0.834	0.841	0.849	0.857	0.865
130	0.872	0.879	0.887	0.895	0.903	0.910	0.918	0.926	0.934	0.942
140	0.950	0.958	0.966	0.974	0.982	0.990	0.998	1.006	1.013	1.021
150	1.029	1.037	1.045	1.053	1.061	1.069	1.077	1.085	1.094	1.102
160	1.110	1.118	1.126	1.134	1.142	1.150	1.158	1.167	1.175	1.183
170	1.191	1.199	1.207	1.216	1.224	1.232	1.240	1.249	1.257	1.265
180	1.273	1.282	1.290	1.298	1.307	1.315	1.323	1.332	1.340	1.348
190	1.357	1.365	1.373	1.382	1.390	1.399	1.407	1.415	1.424	1.432
200	1.441	1.449	1.458	1.466	1.475	1.483	1.492	1.500	1.509	1.517
210	1.526	1.534	1.543	1.551	1.560	1.569	1.577	1.586	1.594	1.603
220	1.612	1.620	1.629	1.638	1.646	1.655	1.663	1.672	1.681	1.690

续表

温度 /℃	热电动势/mV									
	0	1	2	3	4	5	6	7	8	9
230	1.698	1.707	1.716	1.724	1.733	1.742	1.751	1.759	1.768	1.777
240	1.786	1.794	1.803	1.812	1.821	1.829	1.838	1.847	1.856	1.865
250	1.874	1.882	1.891	1.900	1.909	1.918	1.927	1.936	1.944	1.953
260	1.962	1.971	1.980	1.989	1.998	2.007	2.016	2.025	2.034	2.043
270	2.052	2.061	2.070	2.078	2.087	2.096	2.105	2.114	2.123	2.132
280	2.141	2.151	2.160	2.169	2.178	2.187	2.196	2.205	2.214	2.223
290	2.232	2.241	2.250	2.259	2.268	2.277	2.287	2.296	2.305	2.314
300	2.323	2.332	2.341	2.350	2.360	2.369	2.378	2.387	2.396	2.405
310	2.415	2.424	2.433	2.442	2.451	2.461	2.470	2.479	2.488	2.497
320	2.507	2.516	2.525	2.534	2.544	2.553	2.562	2.571	2.581	2.590
330	2.599	2.609	2.618	2.627	2.636	2.646	2.655	2.664	2.674	2.683
340	2.692	2.702	2.711	2.720	2.730	2.739	2.748	2.758	2.767	2.776
350	2.786	2.795	2.805	2.814	2.823	2.833	2.842	2.851	2.861	2.870
360	2.880	2.889	2.899	2.908	2.917	2.927	2.936	2.946	2.955	2.965
370	2.974	2.984	2.993	3.003	3.012	3.022	3.031	3.041	3.050	3.059
380	3.069	3.078	3.088	3.097	3.107	3.116	3.126	3.135	3.145	3.154
390	3.164	3.173	3.183	3.192	3.202	3.212	3.221	3.231	3.240	3.250
400	3.259	3.269	3.279	3.288	3.298	3.307	3.317	3.326	3.336	3.346
410	3.355	3.365	3.374	3.384	3.394	3.403	3.413	3.423	3.432	3.442
420	3.451	3.461	3.471	3.480	3.490	3.500	3.509	3.519	3.529	3.538
430	3.548	3.558	3.567	3.577	3.587	3.596	3.606	3.616	3.626	3.635
440	3.645	3.655	3.664	3.675	3.684	3.694	3.703	3.713	3.723	3.732
450	3.742	3.752	3.762	3.771	3.781	3.791	3.801	3.810	3.820	3.830
460	3.840	3.850	3.859	3.869	3.879	3.889	3.898	3.908	3.918	3.928
470	3.938	3.947	3.958	3.968	3.977	3.987	3.997	4.007	4.017	4.027
480	4.036	4.046	4.056	4.065	4.075	4.085	4.095	4.105	4.115	4.125
490	4.134	4.144	4.154	4.164	4.174	4.184	4.194	4.204	4.213	4.223
500	4.233	4.243	4.253	4.263	4.273	4.283	4.293	4.303	4.313	4.323
510	4.332	4.342	4.352	4.362	4.372	4.382	4.392	4.402	4.412	4.422
520	4.432	4.442	4.452	4.462	4.472	4.482	4.492	4.502	4.512	4.522
530	4.532	4.542	4.552	4.562	4.572	4.582	4.592	4.602	4.612	4.622
540	4.632	4.642	4.652	4.662	4.672	4.682	4.692	4.702	4.712	4.722
550	4.732	4.742	4.752	4.762	4.772	4.782	4.793	4.803	4.813	4.823
560	4.833	4.843	4.853	4.863	4.873	4.883	4.893	4.904	4.914	4.924
570	4.934	4.944	4.954	4.964	4.974	4.984	4.995	5.005	5.015	5.025
580	5.035	5.045	5.055	5.066	5.076	5.086	5.096	5.106	5.116	5.127
590	5.137	5.147	5.157	5.167	5.178	5.188	5.198	5.208	5.218	5.228
600	5.239	5.249	5.259	5.269	5.280	5.290	5.300	5.310	5.320	5.331
610	5.341	5.351	5.361	5.372	5.382	5.392	5.402	5.413	5.423	5.433
620	5.443	5.454	5.464	5.474	5.485	5.495	5.505	5.515	5.526	5.536
630	5.546	5.557	5.567	5.577	5.588	5.598	5.608	5.618	5.629	5.639
640	5.649	5.660	5.670	5.680	5.691	5.701	5.712	5.722	5.732	5.743
650	5.753	5.763	5.774	5.784	5.794	5.805	5.815	5.826	5.836	5.846
660	5.857	5.867	5.878	5.888	5.898	5.909	5.919	5.930	5.940	5.950

续表

温度 /℃	热电动势/mV									
	0	1	2	3	4	5	6	7	8	9
670	5.961	5.971	5.982	5.992	6.003	6.013	6.024	6.034	6.044	6.055
680	6.065	6.076	6.086	6.097	6.107	6.118	6.128	6.139	6.149	6.160
690	6.170	6.181	6.191	6.202	6.212	6.223	6.233	6.244	6.254	6.265
700	6.275	6.286	6.296	6.307	6.317	6.328	6.338	6.349	6.360	6.370
710	6.381	6.391	6.402	6.412	6.424	6.434	6.444	6.455	6.465	6.476
720	6.486	6.497	6.508	6.518	6.529	6.539	6.550	6.561	6.571	6.582
730	6.593	6.603	6.614	6.624	6.635	6.646	6.656	6.667	6.678	6.688
740	6.699	6.710	6.720	6.731	6.742	6.752	6.763	6.774	6.784	6.795
750	6.806	6.817	6.827	6.838	6.849	6.859	6.870	6.881	6.892	6.902
760	6.913	6.924	6.934	6.945	6.956	6.967	6.977	6.988	6.999	7.010
770	7.020	7.031	7.042	7.053	7.064	7.074	7.085	7.096	7.107	7.117
780	7.128	7.139	7.150	7.161	7.172	7.182	7.193	7.204	7.215	7.226
790	7.236	7.247	7.258	7.269	7.280	7.291	7.302	7.312	7.323	7.334
800	7.345	7.356	7.367	7.378	7.388	7.399	7.410	7.421	7.432	7.443
810	7.454	7.465	7.476	7.487	7.497	7.508	7.519	7.530	7.541	7.552
820	7.563	7.574	7.585	7.596	7.607	7.618	7.629	7.640	7.651	7.662
830	7.673	7.684	7.695	7.706	7.717	7.728	7.739	7.749	7.760	7.771
840	7.783	7.794	7.805	7.816	7.827	7.838	7.849	7.860	7.871	7.882
850	7.893	7.904	7.915	7.926	7.937	7.948	7.959	7.970	7.981	7.992
860	8.003	8.014	8.026	8.037	8.048	8.059	8.070	8.081	8.092	8.103
870	8.114	8.125	8.137	8.148	8.159	8.170	8.181	8.192	8.203	8.214
880	8.226	8.237	8.248	8.259	8.270	8.281	8.293	8.304	8.315	8.326
890	8.337	8.348	8.360	8.371	8.382	8.393	8.404	8.416	8.427	8.438
900	8.449	8.460	8.472	8.483	8.494	8.505	8.517	8.528	8.539	8.550
910	8.562	8.573	8.584	8.595	8.607	8.618	8.629	8.640	8.652	8.663
920	8.674	8.685	8.697	8.708	8.719	8.731	8.742	8.753	8.765	8.776
930	8.787	8.798	8.810	8.821	8.832	8.844	8.855	8.866	8.878	8.889
940	8.900	8.912	8.923	8.935	8.946	8.957	8.969	8.980	8.991	9.003
950	9.014	9.025	9.037	9.048	9.060	9.071	9.082	9.094	9.105	9.117
960	9.128	9.139	9.151	9.162	9.174	9.185	9.197	9.208	9.219	9.231
970	9.242	9.254	9.265	9.277	9.288	9.300	9.311	9.323	9.334	9.345
980	9.357	9.368	9.380	9.391	9.403	9.414	9.426	9.437	9.449	9.460
990	9.472	9.483	9.495	9.506	9.518	9.529	9.541	9.552	9.564	9.576
1000	9.587	9.599	9.610	9.622	9.633	9.645	9.656	9.668	9.680	9.691
1010	9.703	9.714	9.726	9.737	9.749	9.761	9.772	9.784	9.795	9.807
1020	9.819	9.830	9.842	9.853	9.865	9.877	9.888	9.900	9.911	9.923
1030	9.935	9.946	9.958	9.970	9.981	9.993	10.005	10.016	10.028	10.040
1040	10.051	10.063	10.075	10.086	10.098	10.110	10.121	10.133	10.145	10.156
1050	10.168	10.180	10.191	10.203	10.215	10.227	10.238	10.250	10.262	10.273
1060	10.285	10.297	10.309	10.320	10.332	10.344	10.356	10.367	10.379	10.391
1070	10.403	10.414	10.426	10.438	10.450	10.461	10.473	10.485	10.497	10.509
1080	10.520	10.532	10.544	10.556	10.567	10.579	10.591	10.603	10.615	10.626
1090	10.638	10.650	10.662	10.674	10.686	10.697	10.709	10.721	10.733	10.745
1100	10.757	10.768	10.780	10.792	10.804	10.816	10.828	10.839	10.851	10.863

续表

温度 /℃	热电动势/mV									
	0	1	2	3	4	5	6	7	8	9
1110	10.875	10.887	10.899	10.911	10.922	10.934	10.946	10.958	10.970	10.982
1120	10.994	11.006	11.017	11.029	11.041	11.053	11.065	11.077	11.089	11.101
1130	11.110	11.121	11.133	11.145	11.157	11.169	11.181	11.193	11.205	11.217
1140	11.232	11.244	11.256	11.268	11.280	11.291	11.303	11.315	11.327	11.339
1150	11.351	11.363	11.375	11.387	11.399	11.411	11.423	11.435	11.447	11.459
1160	11.471	11.483	11.495	11.507	11.519	11.531	11.542	11.554	11.566	11.578
1170	11.590	11.602	11.614	11.626	11.638	11.650	11.662	11.674	11.686	11.698
1180	11.710	11.722	11.734	11.746	11.758	11.770	11.782	11.794	11.806	11.818
1190	11.830	11.842	11.854	11.866	11.878	11.890	11.902	11.914	11.926	11.939
1200	11.951	11.963	11.975	11.987	11.999	12.011	12.023	12.035	12.047	12.059
1210	12.071	12.083	12.095	12.107	12.119	12.131	12.143	12.155	12.167	12.179
1220	12.191	12.203	12.216	12.228	12.240	12.252	12.264	12.276	12.288	12.300
1230	12.312	12.324	12.336	12.348	12.360	12.372	12.384	12.397	12.409	12.421
1240	12.433	12.445	12.457	12.469	12.481	12.493	12.505	12.517	12.529	12.542
1250	12.554	12.566	12.578	12.590	12.602	12.614	12.626	12.638	12.650	12.662
1260	12.675	12.687	12.699	12.711	12.723	12.735	12.747	12.759	12.771	12.783
1270	12.796	12.808	12.820	12.832	12.844	12.856	12.868	12.880	12.892	12.905
1280	12.917	12.929	12.941	12.953	12.965	12.977	12.989	13.001	13.014	13.026
1290	13.038	13.050	13.062	13.074	13.086	13.098	13.111	13.123	13.135	13.147
1300	13.159	13.171	13.183	13.195	13.208	13.220	13.232	13.244	13.256	13.268
1310	13.280	13.292	13.305	13.317	13.329	13.341	13.353	13.365	13.377	13.390
1320	13.402	13.414	13.426	13.438	13.450	13.462	13.474	13.487	13.499	13.511
1330	13.523	13.535	13.547	13.559	13.572	13.584	13.596	13.608	13.620	13.632
1340	13.644	13.657	13.669	13.681	13.693	13.705	13.717	13.729	13.742	13.754
1350	13.766	13.778	13.790	13.802	13.814	13.826	13.839	13.851	13.863	13.875
1360	13.887	13.899	13.911	13.924	13.936	13.948	13.960	13.972	13.984	13.996
1370	14.009	14.021	14.033	14.045	14.057	14.069	14.081	14.094	14.106	14.118
1380	14.130	14.142	14.154	14.166	14.178	14.191	14.203	14.215	14.227	14.239
1390	14.251	14.263	14.276	14.288	14.300	14.312	14.324	14.336	14.348	14.360
1400	14.373	14.385	14.397	14.409	14.421	14.433	14.445	14.457	14.470	14.482
1410	14.494	14.506	14.518	14.530	14.542	14.554	14.567	14.579	14.591	14.603
1420	14.615	14.627	14.639	14.651	14.664	14.676	14.688	14.700	14.712	14.724
1430	14.736	14.748	14.760	14.773	14.785	14.797	14.809	14.821	14.833	14.845
1440	14.857	14.869	14.881	14.894	14.906	14.918	14.930	14.942	14.954	14.966
1450	14.978	14.990	15.002	15.015	15.027	15.039	15.051	15.063	15.075	15.085
1460	15.099	15.111	15.123	15.135	15.148	15.160	15.172	15.184	15.196	15.208
1470	15.220	15.232	15.244	15.256	15.268	15.280	15.292	15.304	15.317	15.329
1480	15.341	15.353	15.365	15.377	15.389	15.401	15.413	15.425	15.437	15.449
1490	15.461	15.473	15.485	15.497	15.509	15.521	15.534	15.546	15.558	15.570
1500	15.582	15.594	15.606	15.618	15.630	15.642	15.654	15.666	15.678	15.690
1510	15.702	15.714	15.726	15.738	15.750	15.762	15.774	15.786	15.798	15.810
1520	15.822	15.834	15.846	15.858	15.870	15.882	15.894	15.906	15.918	15.930
1530	15.942	15.954	15.966	15.978	15.990	16.002	16.014	16.026	16.038	16.050
1540	16.062	16.074	16.086	16.098	16.110	16.122	16.134	16.146	16.158	16.170

温度 /℃	热电动势/mV									
	0	1	2	3	4	5	6	7	8	9
1550	16.182	16.194	16.205	16.217	16.229	16.241	16.253	16.265	16.277	16.289
1560	16.301	16.313	16.325	16.337	16.349	16.361	16.373	16.385	16.396	16.408
1570	16.420	16.432	16.444	16.456	16.468	16.480	16.492	16.504	16.516	16.527
1580	16.539	16.551	16.563	16.575	16.587	16.599	16.611	16.623	16.634	16.646
1590	16.658	16.670	16.682	16.694	16.706	16.718	16.729	16.741	16.753	16.765
1600	16.777	16.789	16.801	16.812	16.824	16.836	16.848	16.860	16.872	16.883
1610	16.895	16.901	16.913	16.925	16.937	16.949	16.960	16.972	16.984	16.996
1620	17.013	17.025	17.037	17.049	17.061	17.072	17.084	17.096	17.108	17.120
1630	17.131	17.143	17.155	17.167	17.178	17.190	17.202	17.214	17.225	17.237
1640	17.249	17.261	17.272	17.284	17.296	17.308	17.319	17.331	17.343	17.355
1650	17.366	17.378	17.390	17.401	17.413	17.425	17.437	17.448	17.460	17.472
1660	17.483	17.495	17.507	17.518	17.530	17.542	17.553	17.565	17.577	17.588
1670	17.600	17.612	17.617	17.629	17.641	17.652	17.664	17.676	17.687	17.699
1680	17.717	17.728	17.740	17.751	17.763	17.775	17.786	17.798	17.809	17.821
1690	17.832	17.844	17.855	17.867	17.878	17.890	17.901	17.913	17.924	17.936
1700	17.947	17.959	17.970	17.982	17.993	18.004	18.016	18.027	18.039	18.050
1710	18.061	18.073	18.084	18.095	18.107	18.118	18.129	18.140	18.152	18.163
1720	18.174	18.185	18.196	18.208	18.219	18.230	18.241	18.252	18.263	18.274
1730	18.285	18.297	18.308	18.319	18.330	18.341	18.352	18.362	18.373	18.384
1740	18.395	18.406	18.417	18.428	18.439	18.449	18.460	18.471	18.482	18.493
1750	18.503	18.514	18.525	18.535	18.546	18.557	18.567	18.578	18.588	18.599
1760	18.609	18.620	18.630	18.641	18.651	18.661	18.672	18.682	18.693	

镍铬-镍硅(镍铬-镍铝)热电偶分度表

分度号：K

（参考端温度为0℃）

温度/℃	热电动势/mV									
	0	1	2	3	4	5	6	7	8	9
−50	−1.889	−1.925	−1.961	−1.996	−2.032	−2.067	−2.102	−2.137	−2.173	−2.208
−40	−1.527	−1.563	−1.600	−1.636	−1.673	−1.709	−1.745	−1.781	−1.817	−1.853
−30	−1.156	−1.193	−1.231	−1.268	−1.305	−1.342	−1.379	−1.416	−1.453	−1.490
−20	−0.777	−0.816	−0.854	−0.892	−0.930	−0.968	−1.005	−1.043	−1.081	−1.118
−10	−0.392	−0.431	−0.469	−0.508	−0.547	−0.585	−0.624	−0.662	−0.701	−0.739
−0	0	−0.039	−0.079	−0.118	−0.157	−0.197	−0.236	−0.275	−0.314	−0.353
0	0	0.039	0.079	0.119	0.158	0.198	0.238	0.277	0.317	0.357
10	0.397	0.437	0.477	0.517	0.557	0.597	0.637	0.677	0.718	0.758
20	0.798	0.838	0.879	0.919	0.960	1.000	1.041	1.081	1.122	1.162
30	1.203	1.244	1.285	1.325	1.366	1.407	1.448	1.489	1.529	1.570
40	1.611	1.652	1.693	1.734	1.776	1.817	1.858	1.899	1.940	1.981
50	2.023	2.064	2.106	2.147	2.188	2.230	2.271	2.312	2.354	2.395
60	2.436	2.478	2.519	2.561	2.602	2.644	2.685	2.727	2.768	2.810
70	2.851	2.893	2.934	2.976	3.017	3.059	3.100	3.142	3.184	3.225
80	3.267	3.308	3.350	3.391	3.433	3.474	3.516	3.557	3.599	3.640
90	3.682	3.723	3.765	3.806	3.848	3.889	3.931	3.972	4.013	4.055
100	4.096	4.138	4.179	4.220	4.262	4.303	4.344	4.385	4.427	4.468
110	4.509	4.550	4.591	4.633	4.674	4.715	4.756	4.797	4.838	4.879
120	4.920	4.961	5.002	5.043	5.084	5.124	5.165	5.206	5.247	5.288
130	5.328	5.369	5.410	5.450	5.491	5.532	5.572	5.613	5.653	5.694
140	5.735	5.775	5.815	5.856	5.896	5.937	5.977	6.017	6.058	6.098
150	6.138	6.179	6.219	6.259	6.299	6.339	6.380	6.420	6.460	6.500
160	6.540	6.580	6.620	6.660	6.701	6.741	6.781	6.821	6.861	6.901
170	6.941	6.981	7.021	7.060	7.100	7.140	7.180	7.220	7.260	7.300
180	7.340	7.380	7.420	7.460	7.500	7.540	7.579	7.619	7.659	7.699
190	7.739	7.779	7.819	7.859	7.899	7.939	7.979	8.019	8.059	8.099

温度 /℃	热电动势/mV									
	0	1	2	3	4	5	6	7	8	9
200	8.138	8.178	8.218	8.258	8.298	8.338	8.378	8.418	8.458	8.499
210	8.539	8.579	8.619	8.659	8.699	8.739	8.779	8.819	8.860	8.900
220	8.940	8.980	9.020	9.061	9.101	9.141	9.181	9.222	9.262	9.302
230	9.343	9.383	9.423	9.464	9.504	9.545	9.585	9.626	9.666	9.707
240	9.747	9.788	9.828	9.869	9.909	9.950	9.991	10.031	10.072	10.113
250	10.153	10.194	10.235	10.276	10.316	10.357	10.398	10.439	10.480	10.520
260	10.561	10.602	10.643	10.684	10.725	10.766	10.807	10.848	10.889	10.930
270	10.971	11.012	11.053	11.094	11.135	11.176	11.217	11.259	11.300	11.341
280	11.382	11.423	11.465	11.506	11.547	11.588	11.630	11.671	11.712	11.753
290	11.795	11.836	11.877	11.919	11.960	12.001	12.043	12.084	12.126	12.167
300	12.209	12.250	12.291	12.333	12.374	12.416	12.457	12.499	12.540	12.582
310	12.624	12.665	12.707	12.748	12.790	12.831	12.873	12.915	12.956	12.998
320	13.040	13.081	13.123	13.165	13.206	13.248	13.290	13.331	13.373	13.415
330	13.457	13.498	13.540	13.582	13.624	13.665	13.707	13.749	13.791	13.833
340	13.874	13.916	13.958	14.000	14.042	14.084	14.126	14.167	14.209	14.251
350	14.293	14.335	14.377	14.419	14.461	14.503	14.545	14.587	14.629	14.671
360	14.713	14.755	14.797	14.839	14.881	14.923	14.965	15.007	15.049	15.091
370	15.133	15.175	15.217	15.259	15.301	15.343	15.385	15.427	15.469	15.511
380	15.554	15.596	15.638	15.680	15.722	15.764	15.806	15.849	15.891	15.933
390	15.975	16.017	16.059	16.102	16.144	16.186	16.228	16.270	16.313	16.355
400	16.397	16.439	16.482	16.524	16.566	16.608	16.651	16.693	16.735	16.778
410	16.820	16.862	16.904	16.947	16.989	17.031	17.074	17.116	17.158	17.201
420	17.243	17.285	17.328	17.370	17.413	17.455	17.497	17.540	17.582	17.624
430	17.667	17.709	17.752	17.794	17.837	17.879	17.921	17.964	18.006	18.049
440	18.091	18.134	18.176	18.218	18.261	18.303	18.346	18.388	18.431	18.473
450	18.516	18.558	18.601	18.643	18.686	18.728	18.771	18.813	18.856	18.898
460	18.941	18.983	19.026	19.068	19.111	19.154	19.196	19.239	19.281	19.324
470	19.366	19.409	19.451	19.494	19.537	19.579	19.622	19.664	19.707	19.750
480	19.792	19.835	19.877	19.920	19.962	20.005	20.048	20.090	20.133	20.175
490	20.218	20.261	20.303	20.346	20.389	20.431	20.474	20.516	20.559	20.602
500	20.640	20.687	20.730	20.772	20.815	20.857	20.900	20.943	20.985	21.028
510	21.071	21.113	21.156	21.199	21.241	21.284	21.326	21.369	21.412	21.454
520	21.497	21.540	21.582	21.625	21.668	21.710	21.753	21.796	21.838	21.881
530	21.924	21.966	22.009	22.052	22.094	22.137	22.179	22.222	22.265	22.307
540	22.350	22.393	22.435	22.478	22.521	22.563	22.606	22.649	22.691	22.734
550	22.776	22.819	22.862	22.904	22.947	22.990	23.032	23.075	23.117	23.160
560	23.203	23.245	23.288	23.331	23.373	23.416	23.458	23.501	23.544	23.586
570	23.629	23.671	23.714	23.757	23.799	23.842	23.884	23.927	23.970	24.012
580	24.055	24.097	24.140	24.182	24.225	24.267	24.310	24.353	24.395	24.438
590	24.480	24.523	24.565	24.608	24.650	24.693	24.735	24.778	24.820	24.863
600	24.905	24.948	24.990	25.033	25.075	25.118	25.160	25.203	25.245	25.288
610	25.330	25.373	25.415	25.458	25.500	25.543	25.585	25.627	25.670	25.712
620	25.755	25.797	25.840	25.882	25.924	25.967	26.009	26.052	26.094	26.136
630	26.179	26.221	26.263	26.306	26.348	26.390	26.433	26.475	26.517	26.560

续表

温度/℃	热电动势/mV									
	0	1	2	3	4	5	6	7	8	9
640	26.602	26.644	26.687	26.729	26.771	26.814	26.856	26.898	26.940	26.983
650	27.025	27.067	27.109	27.152	27.194	27.236	27.278	27.320	27.363	27.405
660	27.447	27.489	27.531	27.574	27.616	27.658	27.700	27.742	27.784	27.826
670	27.867	27.909	27.951	27.993	28.035	28.078	28.120	28.162	28.204	28.246
680	28.289	28.332	28.374	28.416	28.458	28.500	28.542	28.584	28.626	28.668
690	28.710	28.752	28.794	28.835	28.877	28.919	28.961	29.003	29.045	29.087
700	29.129	29.171	29.213	29.255	29.297	29.338	29.380	29.422	29.464	29.506
710	29.548	29.589	29.631	29.673	29.715	29.757	29.798	29.840	29.882	29.924
720	29.965	30.007	30.049	30.090	30.132	30.174	30.216	30.257	30.299	30.341
730	30.383	30.424	30.466	30.507	30.549	30.590	30.632	30.674	30.715	30.757
740	30.798	30.840	30.881	30.923	30.964	31.006	31.047	31.089	31.130	31.172
750	31.213	31.255	31.296	31.338	31.379	31.421	31.462	31.504	31.545	31.586
760	31.628	31.669	31.710	31.752	31.793	31.834	31.876	31.917	31.958	32.000
770	32.041	32.082	32.124	32.165	32.206	32.247	32.289	32.330	32.371	32.412
780	32.453	32.495	32.536	32.577	32.618	32.659	32.700	32.742	32.783	32.824
790	32.865	32.906	32.947	32.988	33.029	33.070	33.111	33.152	33.193	33.234
800	33.275	33.316	33.357	33.398	33.439	33.480	33.521	33.562	33.604	33.644
810	33.685	33.726	33.767	33.808	33.848	33.889	33.930	33.971	34.012	34.053
820	34.093	34.134	34.175	34.216	34.257	34.297	34.338	34.379	34.420	34.460
830	34.501	34.542	34.582	34.623	34.664	34.704	34.745	34.786	34.826	34.867
840	34.908	34.948	34.989	35.029	35.070	35.110	35.151	35.192	35.232	35.273
850	35.313	35.354	35.394	35.435	35.475	35.516	35.556	35.596	35.637	35.677
860	35.718	35.758	35.798	35.839	35.879	35.920	35.960	36.000	36.041	36.081
870	36.121	36.162	36.202	36.242	36.282	36.323	36.363	36.403	36.443	36.484
880	36.524	36.564	36.604	36.644	36.685	36.725	36.765	36.805	36.845	36.885
890	36.925	36.965	37.006	37.046	37.086	37.126	37.166	37.206	37.246	37.286
900	37.326	37.366	37.406	37.446	37.486	37.526	37.566	37.606	37.646	37.686
910	37.725	37.765	37.805	37.845	37.885	37.925	37.965	38.005	38.044	38.084
920	38.124	38.164	38.204	38.243	38.283	38.323	38.363	38.402	38.442	38.482
930	38.522	38.561	38.601	38.641	38.680	38.720	38.760	38.799	38.839	38.878
940	38.918	38.958	38.997	39.037	39.076	39.116	39.155	39.195	39.235	39.274
950	39.314	39.353	39.393	39.432	39.471	39.511	39.550	39.590	39.629	39.669
960	39.708	39.747	39.787	39.826	39.866	39.905	39.944	39.984	40.023	40.062
970	40.101	40.141	40.180	40.219	40.259	40.298	40.337	40.376	40.415	40.455
980	40.494	40.533	40.572	40.611	40.651	40.690	40.729	40.768	40.807	40.846
990	40.885	40.924	40.963	41.002	41.042	41.081	41.120	41.159	41.198	41.237
1000	41.276	41.315	41.354	41.393	41.431	41.470	41.509	41.548	41.587	41.626
1010	41.665	41.704	41.743	41.781	41.820	41.859	41.898	41.937	41.976	42.014
1020	42.053	42.092	42.131	42.169	42.208	42.247	42.286	42.324	42.363	42.402
1030	42.440	42.479	42.518	42.556	42.595	42.633	42.672	42.711	42.749	42.788
1040	42.826	42.865	42.903	42.942	42.980	43.019	43.057	43.096	43.134	43.173
1050	43.211	43.250	43.288	43.327	43.365	43.403	43.442	43.480	43.518	43.557
1060	43.595	43.633	43.672	43.710	43.748	43.787	43.825	43.863	43.901	43.940
1070	43.978	44.016	44.054	44.092	44.130	44.169	44.207	44.245	44.283	44.321

续表

温度 /℃	热电动势/mV									
	0	1	2	3	4	5	6	7	8	9
1080	44.359	44.397	44.435	44.473	44.512	44.550	44.588	44.624	44.662	44.702
1090	44.740	44.778	44.816	44.853	44.891	44.929	44.967	45.005	45.043	45.081
1100	45.119	45.157	45.194	45.232	45.270	45.308	45.346	45.383	45.421	45.459
1110	45.497	45.534	45.572	45.610	45.647	45.685	45.723	45.760	45.798	45.836
1120	45.873	45.911	45.948	45.986	46.024	46.061	46.099	46.136	46.174	46.211
1130	46.249	46.286	46.324	46.361	46.398	46.436	46.473	46.511	46.548	46.585
1140	46.623	46.660	46.697	46.735	46.772	46.809	46.847	46.884	46.921	46.958
1150	46.995	47.033	47.070	47.107	47.144	47.181	47.218	47.256	47.293	47.330
1160	47.367	47.404	47.441	47.478	47.515	47.552	47.589	47.626	47.663	47.700
1170	47.737	47.774	47.811	47.848	47.884	47.921	47.958	47.995	48.032	48.069
1180	48.105	48.142	48.179	48.216	48.252	48.289	48.326	48.363	48.399	48.436
1190	48.473	48.509	48.546	48.582	48.619	48.656	48.692	48.729	48.765	48.802
1200	48.838	48.875	48.911	48.948	48.984	49.021	49.057	49.093	49.130	49.166
1210	49.202	49.239	49.275	49.311	49.348	49.384	49.420	49.456	49.493	49.529
1220	49.565	49.601	49.637	49.674	49.710	49.746	49.782	49.818	49.854	49.890
1230	49.926	49.962	49.998	50.034	50.070	50.106	50.142	50.178	50.214	50.250
1240	50.286	50.322	50.358	50.393	50.429	50.465	50.501	50.537	50.572	50.608
1250	50.644	50.680	50.715	50.751	50.787	50.822	50.858	50.894	50.925	50.965
1260	51.000	51.036	51.071	51.107	51.142	51.178	51.213	51.249	51.284	51.320
1270	51.355	51.391	51.426	51.461	51.497	51.532	51.567	51.603	51.638	51.673
1280	51.708	51.744	51.779	51.814	51.849	51.885	51.920	51.955	51.990	52.025
1290	52.060	52.095	52.130	52.165	52.200	52.235	52.270	52.305	52.340	52.375
1300	52.410	52.445	52.480	52.515	52.550	52.585	52.620	52.654	52.689	52.724
1310	52.759	52.794	52.828	52.863	52.898	52.932	52.967	53.002	53.037	53.071
1320	53.106	53.140	53.175	53.210	53.244	53.279	53.313	53.348	53.382	53.417
1330	53.451	53.486	53.520	53.555	53.589	53.623	53.658	53.692	53.727	53.761
1340	53.795	53.830	53.864	53.898	53.932	53.967	54.001	54.035	54.069	54.104
1350	54.138	54.172	54.206	54.240	54.274	54.308	54.343	54.377	54.411	54.445
1360	54.479	54.513	54.547	54.581	54.615	54.649	54.683	54.717	54.751	54.785
1370	54.819	54.852	54.886							

附录 **3**

WRe5-WRe26热电偶分度表

JB/T 9497—2002

温度 /℃	热电动势/mV									
	0	1	2	3	4	5	6	7	8	9
0	0.000	0.013	0.027	0.040	0.054	0.067	0.081	0.094	0.108	0.122
10	0.135	0.149	0.163	0.176	0.190	0.204	0.218	0.231	0.245	0.259
20	0.273	0.287	0.301	0.315	0.329	0.342	0.356	0.370	0.385	0.399
30	0.413	0.427	0.441	0.455	0.469	0.483	0.498	0.512	0.526	0.540
40	0.555	0.569	0.583	0.598	0.612	0.627	0.641	0.656	0.670	0.685
50	0.699	0.714	0.728	0.743	0.757	0.772	0.787	0.801	0.816	0.831
60	0.846	0.860	0.875	0.890	0.905	0.920	0.934	0.949	0.964	0.979
70	0.994	1.009	1.024	1.039	1.054	1.069	1.084	1.099	1.114	1.129
80	1.145	1.160	1.175	1.190	1.205	1.221	1.236	1.251	1.266	1.282
90	1.297	1.312	1.328	1.343	1.359	1.374	1.389	1.405	1.420	1.436
100	1.451	1.467	1.483	1.498	1.514	1.529	1.545	1.561	1.576	1.592
110	1.608	1.624	1.639	1.655	1.671	1.687	1.702	1.718	1.734	1.750
120	1.766	1.782	1.798	1.814	1.830	1.846	1.862	1.878	1.894	1.910
130	1.926	1.942	1.958	1.974	1.990	2.006	2.023	2.039	2.055	2.071
140	2.087	2.104	2.120	2.136	2.152	2.169	2.185	2.201	2.218	2.234
150	2.251	2.267	2.283	2.300	2.316	2.333	2.349	2.366	2.382	2.399
160	2.415	2.432	2.449	2.465	2.482	2.498	2.515	2.532	2.548	2.565
170	2.582	2.599	2.615	2.632	2.649	2.666	2.682	2.699	2.716	2.733
180	2.750	2.767	2.784	2.800	2.817	2.834	2.851	2.868	2.885	2.902
190	2.919	2.936	2.953	2.970	2.987	3.004	3.021	3.039	3.056	3.073
200	3.090	3.107	3.124	3.141	3.159	3.176	3.193	3.210	3.228	3.245
210	3.262	3.279	3.297	3.314	3.331	3.349	3.366	3.383	3.401	3.418
220	3.436	3.453	3.470	3.488	3.505	3.523	3.540	3.558	3.575	3.593
230	3.610	3.628	3.645	3.663	3.680	3.698	3.716	3.733	3.751	3.768
240	3.786	3.804	3.821	3.839	3.857	3.875	3.892	3.910	3.928	3.945
250	3.963	3.981	3.999	4.017	4.034	4.052	4.070	4.088	4.106	4.124
260	4.141	4.159	4.177	4.195	4.213	4.231	4.249	4.267	4.285	4.303

温度 /℃	热电动势/mV									
	0	1	2	3	4	5	6	7	8	9
270	4.321	4.339	4.357	4.375	4.393	4.411	4.429	4.447	4.465	4.483
280	4.501	4.519	4.537	4.555	4.573	4.592	4.610	4.628	4.646	4.664
290	4.682	4.701	4.719	4.737	4.755	4.773	4.792	4.810	4.828	4.846
300	4.865	4.883	4.901	4.920	4.938	4.956	4.974	4.993	5.011	5.030
310	5.048	5.066	5.085	5.103	5.121	5.140	5.158	5.177	5.195	5.214
320	5.232	5.250	5.269	5.287	5.306	5.324	5.343	5.361	5.380	5.398
330	5.417	5.435	5.454	5.473	5.491	5.510	5.528	5.547	5.565	5.584
340	5.603	5.621	5.640	5.658	5.677	5.696	5.714	5.733	5.752	5.770
350	5.789	5.808	5.827	5.845	5.864	5.883	5.901	5.920	5.939	5.958
360	5.976	5.995	6.014	6.033	6.051	6.070	6.089	6.108	6.127	6.145
370	6.164	6.183	6.202	6.221	6.240	6.259	6.277	6.296	6.315	6.334
380	6.353	6.372	6.391	6.410	6.429	6.447	6.466	6.485	6.504	6.523
390	6.542	6.561	6.580	6.599	6.618	6.637	6.656	6.675	6.694	6.713
400	6.732	6.751	6.770	6.789	6.808	6.827	6.846	6.865	6.884	6.903
410	6.922	6.941	6.961	6.980	6.999	7.018	7.037	7.056	7.075	7.094
420	7.113	7.132	7.152	7.171	7.190	7.209	7.228	7.247	7.267	7.286
430	7.305	7.324	7.343	7.362	7.382	7.401	7.420	7.439	7.458	7.478
440	7.497	7.516	7.535	7.554	7.574	7.593	7.612	7.631	7.651	7.670
450	7.689	7.708	7.728	7.747	7.766	7.786	7.805	7.824	7.843	7.863
460	7.882	7.901	7.921	7.940	7.959	7.979	7.998	8.017	8.037	8.056
470	8.075	8.095	8.114	8.133	8.153	8.172	8.191	8.211	8.230	8.249
480	8.269	8.288	8.308	8.327	8.346	8.366	8.385	8.404	8.424	8.443
490	8.463	8.482	8.502	8.521	8.540	8.560	8.579	8.599	8.618	8.637
500	8.657	8.676	8.696	8.715	8.735	8.754	8.774	8.793	8.812	8.832
510	8.851	8.871	8.890	8.910	8.929	8.949	8.968	8.988	9.007	9.027
520	9.046	9.066	9.085	9.105	9.124	9.144	9.163	9.183	9.202	9.222
530	9.241	9.261	9.280	9.300	9.319	9.339	9.358	9.378	9.397	9.417
540	9.436	9.456	9.475	9.495	9.514	9.534	9.553	9.573	9.592	9.612
550	9.631	9.651	9.670	9.690	9.710	9.729	9.749	9.768	9.788	9.807
560	9.827	9.846	9.866	9.885	9.905	9.925	9.944	9.964	9.983	10.003
570	10.022	10.042	10.061	10.081	10.100	10.120	10.140	10.159	10.179	10.198
580	10.218	10.237	10.257	10.276	10.296	10.316	10.335	10.355	10.374	10.394
590	10.413	10.433	10.452	10.472	10.491	10.511	10.531	10.550	10.570	10.589
600	10.609	10.628	10.648	10.667	10.687	10.706	10.726	10.746	10.765	10.785
610	10.804	10.824	10.843	10.863	10.882	10.902	10.921	10.941	10.960	10.980
620	10.999	11.019	11.038	11.058	11.077	11.097	11.117	11.136	11.156	11.175
630	11.195	11.214	11.234	11.253	11.273	11.292	11.312	11.331	11.351	11.370
640	11.390	11.409	11.429	11.448	11.468	11.487	11.507	11.526	11.546	11.565
650	11.585	11.604	11.624	11.643	11.663	11.682	11.702	11.721	11.741	11.760
660	11.780	11.799	11.818	11.838	11.857	11.877	11.896	11.916	11.935	11.955
670	11.974	11.994	12.013	12.033	12.052	12.072	12.091	12.111	12.130	12.150

续表

温度 /℃	热电动势/mV									
	0	1	2	3	4	5	6	7	8	9
680	12.169	12.189	12.208	12.228	12.247	12.267	12.286	12.306	12.325	12.344
690	12.364	12.383	12.403	12.422	12.442	12.461	12.481	12.500	12.520	12.539
700	12.559	12.578	12.597	12.617	12.636	12.656	12.675	12.695	12.714	12.734
710	12.753	12.772	12.792	12.811	12.831	12.850	12.870	12.889	12.908	12.928
720	12.947	12.967	12.986	13.006	13.025	13.044	13.064	13.083	13.103	13.122
730	13.141	13.161	13.180	13.200	13.219	13.238	13.258	13.277	13.297	13.316
740	13.335	13.355	13.374	13.393	13.413	13.432	13.452	13.471	13.490	13.510
750	13.529	13.548	13.568	13.587	13.606	13.626	13.645	16.665	13.684	13.703
760	13.723	13.742	13.761	13.781	13.800	13.819	13.839	13.858	13.877	13.896
770	13.916	13.935	13.954	13.974	13.993	14.012	14.032	14.051	14.070	14.089
780	14.109	14.128	14.147	14.167	14.186	14.205	14.224	14.244	14.263	14.282
790	14.301	14.321	14.340	14.359	14.378	14.398	14.417	14.436	14.455	14.475
800	14.494	14.513	14.532	14.551	14.571	14.590	14.609	14.628	14.647	14.667
810	14.686	14.705	14.724	14.743	14.763	14.782	14.801	14.820	14.839	14.858
820	14.878	14.897	14.916	14.935	14.954	14.973	14.993	15.012	15.031	15.050
830	15.069	15.088	15.107	15.126	15.146	15.165	15.184	15.203	15.222	15.241
840	15.260	15.279	15.298	15.317	15.336	15.356	15.375	15.394	15.413	15.432
850	15.451	15.470	15.489	15.508	15.527	15.546	15.565	15.584	15.603	15.622
860	15.641	15.660	15.679	15.698	15.717	15.736	15.755	15.774	15.793	15.812
870	15.831	15.850	15.869	15.888	15.907	15.926	15.945	15.964	15.983	16.002
880	16.021	16.040	16.058	16.077	16.096	16.115	16.134	16.153	16.172	16.191
890	16.210	16.229	16.247	16.266	16.285	16.304	16.323	16.342	16.361	16.380
900	16.398	16.417	16.436	16.455	16.474	16.493	16.511	16.530	16.549	16.568
910	16.587	16.606	16.624	16.643	16.662	16.681	16.699	16.718	16.737	16.756
920	16.775	16.793	16.812	16.831	16.850	16.868	16.887	16.906	16.924	16.943
930	16.962	16.981	16.999	17.018	17.037	17.055	17.074	17.093	17.111	17.130
940	17.149	17.167	17.186	17.205	17.223	17.242	17.261	17.279	17.298	17.317
950	17.335	17.354	17.373	17.391	17.410	17.428	17.447	17.465	17.484	17.503
960	17.521	17.540	17.558	17.577	17.595	17.614	17.633	17.651	17.670	17.688
970	17.707	17.725	17.744	17.762	17.781	17.799	17.818	17.836	17.855	17.873
980	17.892	17.910	17.929	17.947	17.966	17.984	18.002	18.021	18.039	18.058
990	18.076	18.095	18.113	18.131	18.150	18.168	18.187	18.205	18.223	18.242
1000	18.260	18.279	18.297	18.315	18.334	18.352	18.370	18.389	18.407	18.425
1010	18.444	18.462	18.480	18.499	18.517	18.535	18.553	18.572	18.590	18.608
1020	18.627	18.645	18.663	18.681	18.700	18.718	18.736	18.754	18.773	18.791
1030	18.809	18.827	18.845	18.864	18.882	18.900	18.918	18.936	18.955	18.973
1040	18.991	19.009	19.027	19.045	19.064	19.082	19.100	19.118	19.136	19.154
1050	19.172	19.190	19.208	19.227	19.245	19.263	19.281	19.299	19.317	19.335
1060	19.353	19.371	19.389	19.407	19.425	19.443	19.461	19.479	19.497	19.515
1070	19.533	19.551	19.569	19.587	19.605	19.623	19.641	19.659	19.677	19.695
1080	19.713	19.731	19.749	19.767	19.785	19.803	19.821	19.839	19.856	19.874

温度/℃	热电动势/mV									
	0	1	2	3	4	5	6	7	8	9
1090	19.892	19.910	19.928	19.946	19.964	19.982	19.999	20.017	20.035	20.053
1100	20.071	20.089	20.106	20.124	20.142	20.160	20.178	20.195	20.213	20.231
1110	20.249	20.267	20.284	20.302	20.320	20.338	20.355	20.373	20.391	20.409
1120	20.426	20.444	20.462	20.479	20.497	20.515	20.532	20.550	20.568	20.585
1130	20.603	20.621	20.638	20.656	20.674	20.691	20.709	20.727	20.744	20.762
1140	20.779	20.797	20.815	20.832	20.850	20.867	20.885	20.902	20.920	20.938
1150	20.955	20.973	20.990	21.008	21.025	21.043	21.060	21.078	21.095	21.113
1160	21.130	21.148	21.165	21.183	21.200	21.218	21.235	21.253	21.270	21.287
1170	21.305	21.322	21.340	21.357	21.375	21.392	21.409	21.427	21.444	21.461
1180	21.479	21.496	21.514	21.531	21.548	21.566	21.583	21.600	21.618	21.635
1190	21.652	21.670	21.687	21.704	21.721	21.739	21.756	21.773	21.790	21.808
1200	21.825	21.842	21.859	21.877	21.894	21.911	21.928	21.946	21.963	21.980
1210	21.997	22.014	22.032	22.049	22.066	22.083	22.100	22.117	22.135	22.152
1220	22.169	22.186	22.203	22.220	22.237	22.254	22.271	22.289	22.306	22.323
1230	22.340	22.357	22.374	22.391	22.408	22.425	22.442	22.459	22.476	22.493
1240	22.510	22.527	22.544	22.561	22.578	22.595	22.612	22.629	22.646	22.663
1250	22.680	22.697	22.714	22.731	22.748	22.765	22.782	22.799	22.815	22.832
1260	22.849	22.866	22.883	22.900	22.917	22.934	22.950	22.967	22.984	23.001
1270	23.018	23.035	23.052	23.068	23.085	23.102	23.119	23.136	23.152	23.169
1280	23.186	23.203	23.219	23.236	23.253	23.270	23.286	23.303	23.320	23.337
1290	23.353	23.370	23.387	23.403	23.420	23.437	23.453	23.470	23.487	23.503
1300	23.520	23.537	23.553	23.570	23.587	23.603	23.620	23.636	23.653	23.670
1310	23.686	23.703	23.719	23.736	23.753	23.769	23.786	23.802	23.819	23.835
1320	23.852	23.868	23.885	23.901	23.918	23.934	23.951	23.967	23.984	24.000
1330	24.017	24.033	24.050	24.066	24.083	24.099	24.116	24.132	24.148	24.165
1340	24.181	24.198	24.214	24.230	24.247	24.263	24.280	24.296	24.312	24.329
1350	24.345	24.361	24.378	24.394	24.410	24.427	24.443	24.459	24.476	24.492
1360	24.508	24.524	24.541	24.557	24.573	24.590	24.606	24.622	24.638	24.655
1370	24.671	24.687	24.703	24.719	24.736	24.752	24.768	24.784	24.800	24.817
1380	24.833	24.849	24.865	24.881	24.897	24.913	24.930	24.946	24.962	24.978
1390	24.994	25.010	25.026	25.042	25.058	25.075	25.091	25.107	25.123	25.139
1400	25.155	25.171	25.187	25.203	25.219	25.235	25.251	25.267	25.283	25.299
1410	25.315	25.331	25.347	25.363	25.379	25.395	25.411	25.427	25.443	25.459
1420	25.475	25.490	25.506	25.522	25.538	25.554	25.570	25.586	25.602	25.618
1430	25.633	25.649	25.665	25.681	25.697	25.713	25.729	25.744	25.760	25.776
1440	25.792	25.808	25.823	25.839	25.855	25.871	25.886	25.902	25.918	25.934
1450	25.949	25.965	25.981	25.997	26.012	26.028	26.044	26.060	26.075	26.091
1460	26.107	26.122	26.138	26.154	26.169	26.185	26.201	26.216	26.232	26.248
1470	26.263	26.279	26.294	26.310	26.326	26.341	26.357	26.372	26.388	26.403
1480	26.419	26.435	26.450	26.466	26.481	26.497	26.512	26.528	26.543	26.559
1490	26.574	26.590	26.605	26.621	26.636	26.652	26.667	26.683	26.698	26.714

温度/℃	热电动势/mV									
	0	1	2	3	4	5	6	7	8	9
1500	26.729	26.744	26.760	26.775	26.791	26.806	26.822	26.837	26.852	26.868
1510	26.883	26.899	26.914	26.929	26.945	26.960	26.975	26.991	27.006	27.021
1520	27.037	27.052	27.067	27.083	27.098	27.113	27.128	27.144	27.159	27.174
1530	27.190	27.205	27.220	27.235	27.250	27.266	27.281	27.296	27.311	27.327
1540	27.342	27.357	27.372	27.387	27.403	27.418	27.433	27.448	27.463	27.478
1550	27.493	27.509	27.524	27.539	27.554	27.569	27.584	27.599	27.614	27.629
1560	27.645	27.660	27.675	27.690	27.705	27.720	27.735	27.750	27.765	27.780
1570	27.795	27.810	27.825	27.840	27.855	27.870	27.885	27.900	27.915	27.930
1580	27.945	27.960	27.975	27.990	28.005	28.020	28.034	28.049	28.064	28.079
1590	28.094	28.109	28.124	28.139	28.154	28.169	28.183	28.198	28.213	28.228
1600	28.243	28.258	28.272	28.287	28.302	28.317	28.332	28.346	28.361	28.376
1610	28.391	28.406	28.420	28.436	28.450	28.465	28.479	28.494	28.509	28.524
1620	28.538	28.553	28.568	28.582	28.597	28.612	28.626	28.641	28.656	28.670
1630	28.685	28.700	28.714	28.729	28.744	28.758	28.773	28.787	28.802	28.817
1640	28.831	28.846	28.860	28.875	28.890	28.904	28.919	28.933	28.948	28.962
1650	28.977	28.991	29.006	29.020	29.035	29.049	29.064	29.078	29.093	29.107
1660	29.122	29.136	29.151	29.165	29.180	29.194	29.209	29.223	29.237	29.252
1670	29.266	29.281	29.295	29.309	29.324	29.338	29.353	29.367	29.381	29.396
1680	29.410	29.424	29.439	29.453	29.467	29.482	29.496	29.510	29.525	29.539
1690	29.553	29.567	29.582	29.596	29.610	29.625	29.639	29.653	29.667	29.681
1700	29.696	29.710	29.724	29.738	29.753	29.767	29.781	29.795	29.809	29.823
1710	29.838	29.852	29.866	29.880	29.894	29.908	29.922	29.937	29.951	29.965
1720	29.979	29.993	30.007	30.021	30.035	30.049	30.063	30.077	30.091	30.106
1730	30.120	30.134	30.148	30.162	30.176	30.190	30.204	30.218	30.232	30.246
1740	30.260	30.274	30.288	30.302	30.315	30.329	30.343	30.357	30.371	30.385
1750	30.399	30.413	30.427	30.441	30.455	30.469	30.482	30.496	30.510	30.524
1760	30.538	30.552	30.565	30.579	30.593	30.607	30.621	30.635	30.648	30.662
1770	30.676	30.690	30.704	30.717	30.731	30.745	30.759	30.772	30.786	30.800
1780	30.813	30.827	30.841	30.855	30.868	30.882	30.896	30.909	30.923	30.937
1790	30.950	30.964	30.978	30.991	31.005	31.019	31.032	31.046	31.059	31.073
1800	31.087	31.100	31.114	31.127	31.141	31.154	31.168	31.182	31.195	31.209
1810	31.222	31.236	31.249	31.263	31.276	31.290	31.303	31.317	31.330	31.344
1820	31.357	31.371	31.384	31.397	31.411	31.424	31.438	31.451	31.465	31.478
1830	31.491	31.505	31.518	31.532	31.545	31.558	31.572	31.585	31.598	31.612
1840	31.625	31.638	31.652	31.665	31.678	31.692	31.705	31.718	31.731	31.745
1850	31.758	31.771	31.784	31.798	31.811	31.824	31.837	31.851	31.864	31.877
1860	31.890	31.903	31.917	31.930	31.943	31.956	31.969	31.982	31.996	32.009
1870	32.022	32.035	32.048	32.061	32.074	32.087	32.101	32.114	32.127	32.140
1880	32.153	32.166	32.179	32.192	32.205	32.218	32.231	32.244	32.257	32.270
1890	32.283	32.296	32.309	32.322	32.335	32.348	32.361	32.374	32.387	32.400
1900	32.413	32.426	32.439	32.451	32.464	32.477	32.490	32.503	32.516	32.529

温度 /℃	热电动势/mV									
	0	1	2	3	4	5	6	7	8	9
1910	32.542	32.554	32.567	32.580	32.593	32.606	32.619	32.631	32.644	32.657
1920	32.670	32.683	32.695	32.708	32.721	32.734	32.746	32.759	32.772	32.784
1930	32.797	32.810	32.823	32.835	32.848	32.861	32.873	32.886	32.899	32.911
1940	32.924	32.937	32.949	32.962	32.974	32.987	33.000	33.012	33.025	33.037
1950	33.050	33.063	33.075	33.088	33.100	33.113	33.125	33.138	33.150	33.163
1960	33.175	33.188	33.200	33.213	33.225	33.238	33.250	33.263	33.275	33.287
1970	33.300	33.312	33.325	33.337	33.349	33.362	33.374	33.387	33.399	33.411
1980	33.424	33.436	33.448	33.461	33.473	33.485	33.498	33.510	33.522	33.535
1990	33.547	33.559	33.571	33.584	33.596	33.608	33.620	33.632	33.645	33.657
2000	33.669	33.681	33.693	33.706	33.718	33.730	33.742	33.754	33.766	33.779
2010	33.791	33.803	33.815	33.827	33.839	33.851	33.863	33.875	33.887	33.899
2020	33.911	33.923	33.936	33.948	33.960	33.972	33.984	33.996	34.007	34.019
2030	34.031	34.043	34.055	34.067	34.079	34.091	34.103	34.115	34.127	34.139
2040	34.151	34.163	34.174	34.186	34.198	34.210	34.222	34.234	34.245	34.257
2050	34.269	34.281	34.293	34.304	34.316	34.328	34.340	34.351	34.363	34.375
2060	34.387	34.398	34.410	34.422	34.433	34.445	34.457	34.468	34.480	34.492
2070	34.503	34.515	34.527	34.538	34.550	34.561	34.573	34.585	34.596	34.608
2080	34.619	34.631	34.642	34.654	34.665	34.677	34.688	34.700	34.711	34.723
2090	34.734	34.746	34.757	34.769	34.780	34.792	34.803	34.814	34.826	34.837
2100	34.849	34.860	34.871	34.883	34.894	34.905	34.917	34.928	34.939	34.951
2110	34.962	34.973	34.984	34.996	35.007	35.018	35.029	35.041	35.052	35.063
2120	35.074	35.085	35.097	35.108	35.119	35.130	35.141	35.152	35.164	35.175
2130	35.186	35.197	35.208	35.219	35.230	35.241	35.252	35.263	35.274	35.285
2140	35.296	35.307	35.318	35.329	35.340	35.351	35.362	35.373	35.384	35.395
2150	35.406	35.417	35.428	35.439	35.450	35.461	35.472	35.482	35.493	35.504
2160	35.515	35.526	35.537	35.547	35.558	35.569	35.580	35.591	35.601	35.612
2170	35.623	35.634	35.644	35.655	35.666	35.676	35.687	35.698	35.708	35.719
2180	35.730	35.740	35.751	35.762	35.772	35.783	35.793	35.804	35.814	35.825
2190	35.836	35.846	35.857	35.867	35.878	35.888	35.899	35.909	35.920	35.930
2200	35.940	35.951	35.961	35.972	35.982	35.993	36.003	36.013	36.024	36.034
2210	36.044	36.055	36.065	36.075	36.086	36.096	36.106	36.116	36.127	36.137
2220	36.147	36.157	36.168	36.178	36.188	36.198	36.208	36.219	36.229	36.239
2230	36.249	36.259	36.269	36.279	36.289	36.300	36.310	36.320	36.330	36.340
2240	36.350	36.360	36.370	36.380	36.390	36.400	36.410	36.420	36.430	36.440
2250	36.449	36.459	36.469	36.479	36.489	36.499	36.509	36.519	36.528	36.538
2260	36.548	36.558	36.568	36.577	36.587	36.597	36.607	36.616	36.626	36.636
2270	36.645	36.655	36.665	36.674	36.684	36.694	36.703	36.713	36.723	36.732
2280	36.742	36.751	36.761	36.770	36.780	36.790	36.799	36.809	36.818	36.828
2290	36.837	36.846	36.856	36.865	36.875	36.884	36.894	36.903	36.912	36.922
2300	36.931	36.940	36.950	36.959	36.968	36.978	36.987	36.996	37.005	37.015
2310	37.024	37.033	37.042	37.051	37.061	37.070				

参 考 文 献

[1] 付华, 徐耀松, 王雨虹. 传感器技术及应用[M]. 北京：电子工业出版社, 2017.

[2] 俞云强. 传感器与检测技术[M]. 北京：高等教育出版社, 2019.

[3] 黄英, 王永红. 传感器原理及应用[M]. 合肥：合肥工业大学出版社, 2016.

[4] 宋强, 张烨, 王瑞. 传感器原理与应用技术[M]. 成都：西南交通大学出版社, 2016.

[5] 李艳红, 李海华, 杨玉蓓. 传感器原理及实际应用设计[M]. 北京：北京理工大学出版社, 2016.

[6] 刘迎春. 传感器原理设计与应用[M]. 北京：国防科技大学出版社, 1989.

[7] 王雪文, 张志勇. 传感器原理及应用[M]. 北京：北京航空航天大学出版社, 2004.

[8] 海涛, 李啸骢, 韦善革, 陈苏等. 传感器与检测技术[M]. 重庆：重庆大学出版社, 2016.

[9] 李常峰, 刘成刚. 传感器应用技术[M]. 济南：山东科学技术出版社, 2016.

[10] 韩向可, 李军民. 传感器原理与应用[M]. 成都：电子科技大学出版社, 2016.

[11] 樊尚春. 传感器技术及应用[M]. 北京：北京航空航天大学出版社, 2004.

[12] 刘笃仁, 韩保君. 传感器原理及应用技术[M]. 西安：西安电子科技大学出版社, 2003.

[13] 文家雄, 朱俊. 传感器与检测技术[M]. 成都：电子科技大学出版社, 2016.

[14] 宋宇, 朱伟华, 等. 传感器及自动检测技术[M]. 北京：北京理工大学出版社, 2013.

[15] 姜香菊. 传感器原理及应用[M]. 北京：机械工业出版社, 2015.

[16] 夏银桥. 传感器技术及应用[M]. 武汉：华中科技大学出版社, 2011.

[17] 周中艳, 党丽峰. 传感与检测技术[M]. 北京：北京理工大学出版社, 2015.

[18] 云璐, 邢珂. 材料成型检测技术[M]. 北京：冶金工业出版社, 2013.

[19] 李晨希, 曲迎东, 杭争翔, 等. 材料成形检测技术[M]. 北京：化学工业出版社, 2016.

[20] 吴道悌. 非电量测量技术[M]. 西安：西安交通大学出版社, 2004.

[21] Matthias Wager 著. 热分析应用基础[M]. 陆立明 编译. 上海：东华大学出版社, 2010.

[22] 林泽冰, 余杏生, 汪金龙. 现代铸造测试技术[M]. 上海：上海科学技术文献出版社, 1983.

[23] 宋美娟. 材料成形测试技术[M]. 西安：西安电子科技大学出版社, 2018.

[24] 程道来, 仪垂杰. 热工测量与控制基础[M]. 徐州：中国矿业大学出版社, 2012.

[25] 唐经文. 热工测试技术[M]. 重庆：重庆大学出版社, 2007.

[26] 蒋鉴华, 张振东. 热工测量及过程自动控制[M]. 南昌：江西高校出版社, 2009.

[27] 李洁. 热工测量及控制[M]. 上海：上海交通大学出版社, 2010.

[28] 郭天太, 陈爱军, 沈晓燕, 等. 光电检测技术[M]. 武汉：华中科技大学出版社, 2012.

[29] 张贵杰, 等. 现代冶金分析测试技术[M]. 北京：冶金工业出版社, 2009.

[30] 官学茂, 等. 现代材料分析测试技术[M]. 徐州：中国矿业大学出版社, 2018.

[31] 上海交通大学. 现代铸造测试技术[M]. 上海：上海科学技术文献出版社, 1984.

[32] 杭争翔. 材料成型检测与控制[M]. 北京：机械工业出版社, 2010.

[33] 石德全, 高桂丽. 热加工测控技术[M]. 北京：北京大学出版社, 2010.

[34] 胡灶富, 李长宏. 材料成型测试技术[M]. 合肥：合肥工业大学出版社, 2012.

[35] 张惠荣. 热工仪表及其维护[M]. 北京：冶金工业出版社, 2007.